FORSCHUNGSBERICHTE DES LANDES NORDRHEIN-WESTFALEN

Nr. 2307

Herausgegeben im Auftrage des Ministerpräsidenten Heinz Kühn
vom Minister für Wissenschaft und Forschung Johannes Rau

Dr.-Ing. habil. Aleksander Majdič
Dr.-Ing. Ortwin Grewen

Forschungsinstitut der Feuerfest-Industrie,
Bonn

Studien zur Verdichtung feuerfester Massen auf Rüttelpressen

Westdeutscher Verlag Opladen 1973

ISBN-13: 978-3-531-02307-6 e-ISBN-13: 978-3-322-88320-9
DOI: 10.1007/978-3-322-88320-9

Gesamtherstellung: Westdeutscher Verlag

Inhalt

1. Einleitung

Feuerfeste Baustoffe werden entweder als Mörtel, Stampf-, Streich- oder Spritzmassen am Einsatzort dem Verwendungszweck entsprechend geformt oder aber - und zwar in überwiegendem Maße - durch ein manuelles oder maschinelles Formgebungsverfahren in gießfähigem, plastischem oder trokkenem Zustand aus zuvor sorgfältig aufbereiteter Masse zu Formkörpern verarbeitet, die dem späteren Verwendungszweck entsprechen (1, 2).

Im folgenden sollen ausschließlich solche Verfahren betrachtet werden, die für die Formgebung "trockener" Massen, d. h. für den Feuchtigkeitsbereich von ca. 1 bis 6 % geeignet sind und Anwendung finden.

Der Gruppe dieser im nahezu trockenen Zustand geformten Feuerfest-Erzeugnisse ist insofern eine besondere Bedeutung zuzumessen, als sie im Gegensatz zu plastisch geformten oder schlickergegossenen Formkörpern nahezu keine Trockenschwindung aufweisen, sich also nicht verziehen können, und die Trockenkosten und -zeiten im Vergleich zu anderen Formgebungsverfahren minimal sind.

2. Formgebungsmethoden für Formkörper aus trockenen Feuerfestmassen

Die Herstellung von Formkörpern aus trockenen Massen kann auf verschiedene Weise erfolgen. Die Wahl der Formgebungsmethode richtet sich u. a. nach der Stückzahl, der Größe, der Kompliziertheit der Form und den geforderten keramisch-physikalischen Eigenschaften der Formlinge, sowie nach dem Charakter und dem Körnungsaufbau der zu verformenden Masse.

Selbstverständlich sind auch wirtschaftliche und technologische Gesichtspunkte für die Auswahl der Formgebungsmethode mitentscheidend.

Zum besseren Verständnis sollen nachfolgend die üblicherweise zur Anwendung gelangenden Formgebungsmethoden mit ihren speziellen Eigenarten aufgeführt werden.

2.1 Das Handstampfverfahren

Hierbei wird die zu verformende Masse schichtweise in eine zerlegbare Hartholz- oder Eisenform eingebracht und mit einem Preßlufthammer, der mit einem kreuzmeißelähnlichen Stampffuß bestückt ist, von Hand durch Stampfen verdichtet.

Vor dem Einbringen einer neuen Schicht muß die Oberflächenrauhigkeit der zuvor gestampften Schicht gewährleistet sein, d. h. gegebenenfalls durch Aufrauhen wiederhergestellt werden, um eine gute Verzahnung der einzelnen Schichten zu ermöglichen. Die optimale Schichtdicke ist masse- und formatabhängig; üblicherweise beträgt sie etwa 3 bis 5 cm (3, 4).

Die Rohdichte, Kanten- und Eckenfestigkeit der gestampften Formlinge ist wesentlich von der richtigen Führung des Stampfwerkzeugs durch den Arbeiter abhängig. Die Qualität handgeformter Formsteine ist - sorgfältige und gewissenhafte Arbeit vorausgesetzt - hinsichtlich Verdichtung, Maßhaltigkeit und Texturfreiheit als gut zu bezeichnen.

Ein Arbeiter kann in einer 8stündigen Schicht nur etwa 1 t Masse verarbeiten, d. h. bei einem Stundenlohn von z. Zt. 7,-- DM und 50 % Sozialkosten, die man für einen Handstampfer rechnen muß, beträgt der allein durch die Formgebung bedingte Lohnkostenanteil einer Tonne gestampfter Erzeugnisse 84,-- DM.

Trotz der hohen Lohnintensität werden derzeitig immer noch 20 % der für den Koksofenbau verwendeten Silika-Formsteine und 10 % der für den Industrieofenbau verwendeten Schamottesteine nach dem Handstampfverfahren gefertigt. Hierfür gibt es im wesentlichen drei Gründe:

1. Es gibt eine ganze Anzahl von Steinformaten, die auf Stempelpressen nicht hergestellt werden können, weil sie an den seitlichen Begrenzungsflächen quer zur Preßrichtung liegende Profilierungen aufweisen und daher zerlegbare Preßformen erfordern, also maschinell auf den üblichen Stempelpressen nicht preßfähig sind.

2. Von anderen Steinformaten, die an und für sich preßfähig wären und maschinell gefertigt werden könnten, ist oft die benötigte Stückzahl viel zu gering um die Anfertigung einer schweren Stahlmatrize für beispielsweise eine hydraulische Presse wirtschaftlich verantworten zu können.

3. Manche Formsteine oder besser gesagt Blöcke weisen so große geometrische Abmessungen auf, daß der zur Verdichtung erforderliche spezifische Preßdruck, der bei bestimmten Qualitäten 1000 - 1500 kp/cm^2 beträgt, selbst mit den größten hydraulischen Pressen nicht mehr aufgebracht werden kann.

2.2 Maschinelle Formgebung

Strenggenommen weisen alle auf Stempelpressen hergestellten Preßlinge, z. B. Rohre mit einem großen $L/_D$-Verhältnis mehr oder weniger ausgeprägte Preßtexturen auf (5). Diese sind auf den Einfluß der Reibung zwischen Masse und Matrizenwand und auf die innere Reibung der Masse zurückzuführen.

Beim einseitigen Pressen mit nur einem beweglichen Preßstempel legen die den Preßstempel berührenden Massekörner beim Verdichtungsvorgang den größten Weg zurück, wobei die an der Matrizenwand liegenden Körner die größte Reibungsarbeit leisten müssen. Die den feststehenden Gegenstempel berührenden Körner dagegen bleiben in ihrer Lage. Die Dichteabnahme im Preßling vom bewegten Preßstempel zum ruhenden Gegenstempel ist durch den Einfluß der Wandreibung kegelförmig verzerrt (Preßkegel).

Das doppelseitige Pressen mit bewegtem Ober- und Unterstempel bietet wesentliche Vorteile. Einmal lassen sich auch höhere Steinformate bis etwa 300 mm noch ausreichend durchpressen, zum anderen sind die Steinober- und -unterseite gleich hoch verdichtet. Allerdings ist auch beim doppelseitigen Pressen ein Dichteabfall zur neutralen Zone in der halben Steinhöhe festzustellen.

Durch Preßhilfsmittel, das sind Gleitmittel, die der Preßmasse beigefügt werden, kann man die innere Reibung wie auch die Wandreibung vermindern, d.h. die Druckverteilung im Preßling verbessern. Hierdurch gehen zonale Dichteunterschiede auf ein erträgliches Maß zurück.

Bei Pressen, die aufgrund ihrer Konstruktion - beispielsweise die nachstehend besprochenen Friktionsspindelpressen und einfachen Kniehebelpressen - den Preßdruck über nur einen beweglichen Preßstempel auf die Preßmasse übertragen, kann man den die Preßform tragenden Tisch federnd lagern (6). Hierdurch wird erreicht, daß beim Preßvorgang die Preßmatrize durch die Reibung zwischen Preßmasse und Formwand mitgenommen wird, sich also relativ entgegen den feststehenden Preßstempel bewegt. Bei richtiger Abstimmung der Federhärte, die aber wegen der unterschiedlichen Eigenschaften verschiedener Preßmassen nur schwer zu verwirklichen ist, wird auf diese Weise ebenfalls der Effekt der doppelseitigen Druckbeaufschlagung erreicht.

2.2.1 Friktionsspindelpressen

Diese zur Formgebung trockener Preßmassen häufig eingesetzten Pressen bestehen im wesentlichen aus einem Tisch aus Grauguß mit 2 oder 4 Säulen, die oben eine Traverse mit dem Reibradsystem und dem Antrieb tragen und gleichzeitig als Führung der beweglichen Mitteltraverse mit dem oberen Preßstempel dienen (Abb. 1).

Das Senken und Heben des Preßstempels wird dadurch erreicht, daß die von einem Friktionsrad mit wechselnder Drehrichtung angetriebene, mit der Mitteltraverse verbundene Preßspindel durch eine in ein Querhaupt eingebaute Mutter läuft.

Die Eigenart dieser Antriebsweise hat zur Folge, daß sich der Oberstempel bis zum Ende des Preßvorgangs mit gleichbleibender oder sogar zunehmender Geschwindigkeit bewegt. Daher treten bei den Formlingen, insbesondere bei solchen aus Massen mit einem hohen Bindetonanteil leicht Entlüftungsfehler, vor allem Lagenrisse auf, die man nur durch sehr vorsichtiges und mehrfaches Belasten vermeiden kann.

Mit zunehmender Verdichtung der Preßmasse verliert diese die Fähigkeit, das Schwungradarbeitsvermögen des Friktionsrades aufzunehmen. Hierdurch kann eine Friktionsspindelpresse besonders leicht überlastet werden. Sie ist daher auch nur bedingt zur Herstellung hoch verdichteter Formsteine geeignet.

Da bei Friktionsspindelpressen der Hub des Preßstempels nicht wie bei Kurbel- oder Kniehebelpressen konstruktionsbedingt begrenzt ist, sondern durch den Verdichtungsgrad der Preßmasse bestimmt wird, ist die Preßlingshöhe sehr wesentlich von der in die Preßform eingefüllten Preßmassenmenge abhängig. Schon kleine Unterschiede in der Schüttdichte der Preßmasse würden bei volumetrischer Massezuteilung zu unterschiedlichen Steinhöhen führen, weswegen eine gravimetrische Massezuteilung unbedingt vorzuziehen ist.

Der zweite, die Preßlingshöhe bestimmende Faktor ist die Größe des Preßdrucks, der sich aus dem Verdichtungsgrad der Preßmasse ergibt, da erst der zunehmende Widerstand gegen weitere Verdichtung die zum Druckaufbau notwendige Gegenkraft liefert.

Die Bedienung einer Friktionsspindelpresse stellt - wie das Handstampfen - hohe Ansprüche an die Gewissenhaftigkeit und Zuverlässigkeit des Personals.

Bei ca. 15 t Maschinengewicht beträgt die installierte Leistung einer Friktionsspindelpresse ca. 15 KW.

2.2.2 Hydraulische Pressen

Die zur Formgebung feuerfester Steine eingesetzten hydraulischen Pressen sind im allgemeinen so konstruiert, daß der Preßdruck gleichzeitig über Ober- und Unterstempel in die in der Matrize befindliche Preßmasse eingeleitet wird (Abb. 2).

Durch die konstante Hubgeschwindigkeit der Preßstempel arbeiten hydraulische Pressen zwar verhältnismäßig langsam, eignen sich aber gerade deswegen besonders gut zur Formgebung schwerverdichtbarer Massen, da der in der Preßmasse eingeschlossenen Luft bei langsamem Druckanstieg genügend Zeit zum Entweichen gegeben wird. Man kann daher u. U. auf ein oder mehrere "Entlüftungsvordrücke" mit ca. 1/3 der Höhe des vollen Preßdrucks, die man in der Praxis als Entlüftungsmaßnahme anwendet, verzichten.

Hydraulische Pressen, überwiegend als schwere 4-Säulenpressen, aber auch als Schiebetisch- oder Drehtischpressen ausgeführt, werden für Preßdrücke von 500 bis über 2000 t gebaut.

Da der Hub der Preßstempel nicht begrenzt ist, muß die erforderliche Menge der Preßmasse, wie bei den Friktionsspindelpressen, durch genaues Abwiegen bestimmt werden um gleiche Steindicken zu bekommen. Ist dieses gewährleistet, so sind die Formlinge in Bezug auf Verdichtung, Maßhaltigkeit und Rissefreiheit von hoher Qualität.

Hydraulische Pressen sind konstruktiv einfach gebaut, robust und wenig reparaturanfällig. Je nach Größe beträgt das Maschinengewicht bis ca. 50 t und die installierte Leistung bis ca. 100 KW.

Genaues Abwiegen der Masse vorausgesetzt, ist die Bedienung der vorwiegend halbautomatisch arbeitenden Pressen einfach und kann von ungelernten Arbeitskräften ausgeführt werden.

2.2.3 Kniehebelpressen

Im Gegensatz zu den Friktionsspindelpressen und Hydraulischen-Pressen arbeiten Kniehebelpressen mit einem begrenzten Hub des Preßstempels (Abb. 3). Die auf ihr gefertigten Formsteine sind also stets maßhaltig, können aber unterschiedliche Verdichtung aufweisen, da der sich beim Preßvorgang aufbauende Preßdruck in starkem Maße von der in der Preßform befindlichen Preßmassenmenge abhängt. Befindet sich aus irgend einem Grund zu viel Preßmasse in der Form, so kann der Preßdruck unzulässig hohe Werte annehmen und zu schweren Beschädigungen von Form und Presse führen. Ein besonders sorgfältiges Abwiegen der Preßmasse auf mindestens $\pm$ 0,5 Gew.% ist daher eine unbedingte Voraussetzung dafür, Formlinge mit gleicher Verdichtung zu erhalten.

Durch die Eigenart der bei den meisten Pressen hydraulisch betätigten Kniehebelbewegung ergibt sich ein schnelles Senken und Anheben des Preßstempels, verbunden mit einem relativ langen Verweilen im tiefsten Punkt, also unter voller Last (7). Hierdurch wird eine große Arbeitsgeschwindigkeit erreicht.

Kniehebelpressen, auch als Drehtischpressen ausgeführt, zählen zu den leistungsfähigsten Pressen und sind in großem Umfang zur Fertigung feuerfester Formsteine eingesetzt. Sie werden für Arbeitsdrücke von 200 bis ca. 800 t gebaut und verfügen üblicherweise über nur einen aktiven Preßstempel. Ein abgefederter Formtisch ist jedoch bei fast allen Pressen vorhanden. Neuerdings sind auch Pressen mit doppelten Kniehebelsystemen für zweiseitige Druckbeaufschlagung entwickelt worden.

Der Druck im hydraulischen System kann bei Kniehebelpressen niedrig gehalten werden, da er über den Kniehebel auf den Preßstempel wirkt. Die bei den Hochdruckanlagen der hydraulischen Pressen auftretenden Schwierigkeiten entfallen hierdurch.

Kniehebelpressen sind, da - wie bereits erwähnt - Überlastungsgefahr besteht, sehr schwer ausgeführt. Maschinengewichte von ca. 65 t und eine installierte Leitung von 120 KW für eine 600 t Presse machen den hohen Preis verständlich.

Die Bedienung der im allgemeinen halbautomatisch arbeitenden Kniehebelpressen ist wie bei den hydraulischen Pressen unproblematisch.

2.2.4 Isostatische Pressen

Seit einigen Jahren wird zur Formgebung feuerfester Spezialartikel gelegentlich auch das isostatische Preßverfahren angewendet (8). Hierbei wird das zu verdichtende Material in elastische Gummi- oder Kunststofformen eingefüllt und nach dem Schließen der Form und gegebenenfalls erforderlichem Evakuieren in ein Hochdruckgefäß eingebracht (Abb. 4). Der Autoklav wird mit einer als druckübertragendes Medium dienenden Öl-Wasser-Emulsion aufgefüllt, verschlossen und durch Hinzupumpen weiterer Flüssigkeit unter Druck gesetzt. Nach Erreichen des erforderlichen Preßdrucks von beispielsweise 2000 kp/cm^2 öffnet man ein Entspannungsventil und baut den Druck langsam wieder ab. Öffnen des Druckbehälters, Entnehmen der Preßmatrize mit Formling, Öffnen der Preßmatrize und Herausnehmen des Formlings sind die weiteren Arbeitsschritte.

Der Vorteil des isostatischen Preßverfahrens liegt darin, daß man völlig trockene Massen verarbeiten kann und durch den allseitig wirkenden Preßdruck texturfreie Preßlinge erhält, die unter bestimmten Umständen nahezu die theoretische Dichte erreichen können.

Als Nachteile müssen die umständliche Arbeitsweise, die langen Fertigungszeiten, die hohen Anlagekosten und vor allem die unbedingt notwendige Nachbearbeitung der durch die linear u. U. bis zu 40 % betragenden Preßschwindung deformierten Preßlinge angeführt werden.

Die keramisch-physikalischen Eigenschaften isostatisch gepreßter Formkörper sind so außergewöhnlich gut, daß die Herstellung hochbeanspruchter Bauteile nach diesem Verfahren in manchen Fällen dennoch wirtschaftlich zu vertreten ist.

Bei großen industriellen Produktionsanlagen beträgt die installierte Leistung mehrere hundert KW.

3. Anlaß, Aufgabenstellung und Zielsetzung

Die ungewöhnlich hohe Lohnintensität des Handstampfverfahrens, die schwere körperliche Belastung der Arbeiter, verbunden mit dem Risiko an Gelenkschäden zu erkranken, die große oft den Wert von 100 dB(A) überschreitende Lärmerzeugung der Preßlufthämmer und die Schwierigkeit in der heutigen Zeit überhaupt noch gewissenhafte und zuverlässige Arbeitskräfte für dieses handwerkliche Können und Erfahrung voraussetzende Formgebungsverfahren zu finden, haben in den letzten Jahren immer stärker die Bedeutung einer Lösung des Handstampfproblems vor Augen geführt.

Es hat daher auch nicht an Versuchen gefehlt, feuerfeste Massen maschinell durch dynamische Kräfte, also auf Vibrations- oder Schocktischen sowie auf Stampfmaschinen oder Vibrationspressen zu verdichten. Teilerfolge, besonders im Labormaßstab an kleinen Prüfkörpern ließen zwar erkennen, daß eine hohe Verdichtung von krümelig-trockenen körnigen Mineralgemischen, wie sie feuerfeste Stampf- und Preßmassen darstellen, durch dynamische Kräfte durchaus möglich ist. Bisher verschiedentlich durchgeführte Versuche, feuerfeste Massen auf Formgebungsmaschinen der Baustoffindustrie zu verdichten (z. B. Betonsteinpressen, Bimsbetonpressen, Plattenpressen, Betonfertigteil-Fertigungsmaschinen), führten jedoch im allgemeinen nicht zu befriedigenden Ergebnissen.

Die diesem Bericht zugrundeliegenden Untersuchungen bezweckten in erster Linie, ein maschinelles Formgebungsverfahren zu entwickeln, das geeignet ist, das Handstampfverfahren abzulösen und das diesem gegenüber technische und wirtschaftliche Vorteile bietet.

4. Stand der Erkenntnisse

Eine, wie angestrebt wirtschaftliche Lösung der Aufgabenstellung scheint nur über eine dynamische Kräfte verwendende Verdichtungsmethode möglich zu sein. Dieses erkennt man, wenn man die Größe der installierten Leistung der statischen Verdichtungsverfahren (hydraulische Presse, Kniehebelpresse, isostatische Presse) und der dynamischen Verdichtungsverfahren (Handstampfen, Friktionsspindelpresse) miteinander vergleicht. Die Unterteilung in statische und dynamische Verfahren soll hier so verstanden werden, daß die Druckeinwirkungsdauer sich einmal im Sekunden- bis Minutenbereich, zum anderen im Millisekundenbereich bewegt.

Der beträchtliche Unterschied in der Größe der zur Verdichtung notwendigen Kräfte bei den statischen und dynamischen Verfahren kann folgendermaßen erklärt werden:

Die in eine Preßform eingefüllte Masse nimmt in ihrer Packungsdichte zunächst einen Gleichgewichtszustand ein, der durch die Einflüsse von Schwerkraft, Reibung und Cohäsion bestimmt wird (9, 10). Dieser mit Schüttdichte bezeichnete Gleichgewichtszustand ist für jede Masse typisch, da er wesentlich von der Kornform, dem Körnungsaufbau und der Feuchtigkeit abhängig ist.

Beim Verdichten mit statischen Kräften muß die Umlagerung der Massekörner in eine dichtere Packung mit Gewalt erzwungen, d.h. die bestehende, im Verlauf des Verdichtungsvorgangs immer größer werdende innere Reibung der Masse durch sehr große Kräfte überwunden werden.

Bei der Verdichtung mit dynamischen Kräften dagegen werden die Massekörner beschleunigt. Sie verändern ihre gegenseitige Lage und können wegen der hierdurch drastisch herabgesetzten inneren Reibung und Scherkräfte mit einer verhältnismäßig geringen statischen Zusatzkraft, d.h. Auflast, in eine dichtere Packung gebracht werden (9, 10, 11).

Die Höhe dieser Auflast ist kritisch. Sie muß so gewählt werden, daß einerseits die Bewegungsfreiheit der Massekörner gerade soweit eingeschränkt wird, daß keine Entmischung auftreten kann, aber noch eine genügende Auflockerung des Körnerkollektivs zur Verminderung der inneren Reibung und Scherkräfte gewährleistet ist, da dieses die Voraussetzung für die durch Auflast unterstützte Umlagerung in eine dichtere Packung darstellt. Andererseits darf die Auflast nicht zu hoch gewählt werden, weil sonst die Größe der Schwingamplitude der Massekörner so stark verringert würde, daß die zur Umlagerung erforderliche Auflockerung nicht zustande käme (12, 13).

In der Literatur streuen die Angaben über die Höhe der experimentell ermittelten "optimalen" Auflast von 0,02 bis etwa 25 kp/cm^2. Dieses wird verständlich, wenn man bedenkt, daß nicht nur die in weiten Grenzen unterschiedlich große innere Reibung der bei den Untersuchungen verwendeten Massen, d.h. vom gießfähigen Beton bis zum erdfeuchten Boden, sondern auch andere, den Verdichtungsvorgang wesentlich beeinflussende Parameter wie z.B. Frequenz, Amplitude, Beschleunigung, Dauer usw. bei jedem Autor völlig andere Werte aufweisen; die Versuchsbedingungen also gar nicht miteinander zu vergleichen sind (14, 15, 16).

Über den Einfluß der einzelnen Parameter auf den Verdichtungsvorgang bestehen unterschiedliche Auffassungen. So wird nach Ansicht einiger Autoren die beste Verdichtung erreicht, wenn Eigenfrequenz der Massekörner und Erregerfrequenz in Resonanz sind, weil sich hierbei die größte Bewegungsamplitude der Massekörner einstellt (17).

Andererseits wird dagegen festgestellt, daß bei großer Dämpfung die nicht linearen Amplituden größer als die linearen sind. Hieraus wird geschlossen, daß als wesentliche Schwingungsgröße die Beschleunigung angesehen werden muß, da sie die Scherfestigkeit der Masse herabsetzt (18, 19, 20, 21).

Wieder andere Autoren bestreiten einen Zusammenhang zwischen Korndurchmesser und Erregerfrequenz und halten eine umfassende mathematische und experimentelle Untersuchung des Verdichtungsvorganges wegen der Vielzahl der Einflußfaktoren für problematisch (22, 23, 24, 25).

Dem steht entgegen, daß durch Filmaufnahmen mit 2000 Bildern/sec das Schwingen der Körner einer steif-plastischen Betonmasse und der sie umgebenden Zementleimhüllen erfaßt werden konnte, wobei sich zeigte, daß die Schwingamplituden etwa im Verhältnis 1 : 1,5 (z. T. mit Phasenverschiebung) stehen und jeder Erregerfrequenz ein optimaler m. r-Wert (exzentrische Masse mal Exzentrizität) zugeordnet werden kann, um größte Verdichtungswirkung zu erzielen (26).

Über die Auswirkungen der Höhe der Erregerfrequenz ergeben sich aus der Literatur folgende Ansichten: Bei der Bodenverdichtung durch Sprungstampfer mit niedriger Frequenz (ca. 2 bis 3 Hz) ist die Verdichtungswirkung bei gleicher kinetischer Energie umso größer, je höher die Aufschlaggeschwindigkeit ist; die Höhe der Stampffrequenz ist hierbei ohne Einfluß, da die Pausen zwischen den einzelnen Schlägen groß sind gegenüber der Schlagdauer (ca. 20 bis 30 ms) (27).

Anders liegen die Verhältnisse bei der Bodenverdichtung durch Vibration mit überlagerter statischer Auflast (Eigengewicht des Rüttelverdichters). Beim Vergleich eines Sprungstampfers (2,4 Hz) und eines Oberflächenrüttlers (25 Hz) stellte sich heraus, daß die auf 1 Mp Schlagkraft bezogene Verdichtungsleistung des Stampfers zu der des Rüttlers sich wie 1 : 1,5 verhält, die Energieaufnahme des Bodens also für Rüttelschläge (Vibration) größer ist als für gleichstarke Stampfschläge (28).

Die durch eine Frequenzerhöhung zu erreichende Verbesserung des Wirkungsgrades wird durch eine andere Untersuchung bei Baubetonmassen erhärtet. Es wurde festgestellt, daß sich bei niedrigen Frequenzen Mörtel und Zuschläge mit der gleichen Amplitude bewegen, ohne daß dies zu einer Verdichtung führt. Bei höherer Frequenz haben die groben Teilchen nur noch eine schwache Bewegung. Fast die gesamte kinetische Energie ist dann im Mörtel, der den aktiven Teil des Gemisches bildet, wirksam (29, 30, 31).

Ähnliche Verhältnisse können wahrscheinlich auch für trockene Massen angenommen werden. Frequenzen über 100 Hz haben bei trockenen Massen wegen der hohen inneren Reibung keine ausreichende Tiefenwirkung mehr und sind daher mit Erfolg nur bei sehr feuchten Massen mit einem hohen Feinstkornanteil anwendbar (Tauchrüttler).

Für die Verdichtungswirkung ist neben der Zahl der in der Zeiteinheit ausgeübten Stöße (Frequenz) vor allem das Arbeitsvermögen des einzelnen Stoßes von Bedeutung. Unter Arbeitsvermögen ist das Produkt aus Kraft und Amplitude (Arbeit = Kraft x Weg) zu verstehen. Bei konstanter Frequenz und unter sonst gleichen Verhältnissen steigt also das Arbeitsvermögen mit der Zentrifugalkraft des Schwingungserzeugers (32, 33).

5. Untersuchungen an dynamischen Formgebungsmaschinen

Zunächst galt es festzustellen, welche von den in anderen Industriezweigen Anwendung findenden, mit Schock- und Stoßwellen oder Vibration arbeitenden dynamischen Verdichtungsmethoden die beste Voraussetzung dafür bietet, das Handstampfverfahren maschinell mit geringstem technischen Aufwand zu ersetzen, also komplizierte Formsteine mit mindestens gleicher, möglichst sogar höherer Verdichtung herzustellen, gestattet.

Es wurde daher eine Serie von Versuchen mit einer Anzahl mineralogisch unterschiedlich zusammengesetzter Feuerfest-Massen auf zwei neu entwickelten Produktionspressen und einer Versuchspresse durchgeführt, die mit sehr verschiedenartigen dynamischen Verdichtungsmechanismen arbeiten. Hierbei wurden wirtschaftliche Erwägungen zunächst zurückgestellt; es ging vielmehr um das Studium der Verdichtungsleistung der drei Verfahren im Vergleich zu den konventionellen Trockenpreßmethoden.

Die Untersuchungen dehnten sich über einen längeren Zeitraum hin aus, es mußten deshalb gewisse rohstoff- und feuchtigkeitsbedingte Schwankungen der bei allen drei Versuchsserien verwendeten Preßmassen in Kauf genommen werden, obwohl sie jeweils vom selben Hersteller zur Verfügung gestellt worden waren.

In den nachfolgend angeführten Tabellen sind aus diesem Grunde in den Rubriken "typische Werte" für die gleichen Massen etwas abweichende Angaben anzutreffen. Die Vergleichbarkeit der keramisch-physikalischen Daten der "dynamisch" hergestellten Formlinge mit den typischen Daten der konventionell gepreßten Formlinge ist jedoch dadurch gegeben, daß die Preßmassen der jeweils miteinander verglichenen Steine aus derselben Charge stammen und im selben Ofen gemeinsam unter völlig gleichen Bedingungen gebrannt wurden.

5.1 Schockpresse

Bei einer der Versuchspressen handelte es sich um eine Schock-Presse (Abb. 5). Die ölhydraulische Schiebetisch-Presse mit einem bis maximal 600 t einstellbaren Preßdruck war so konstruiert, daß die Druckeinleitung einseitig über den aktiven Unterstempel in die in der Preßform befindlichen Preßmasse gegen eine Spiegelplatte erfolgte. Zu beliebig einstellbarer Zeit während des Druckaufbaus oder aber auch bei hydraulischem Höchstdruck wurden der Preßmasse dadurch Schockimpulse mitgeteilt, daß ein über eine Kurvenscheibe angehobener ausklinkbarer Rammbär aus etwa 20 cm Höhe auf die in Preßrichtung nachgebend angeordnete Spiegelplatte aufschlug und seine Energie von 120 mkp auf den Formling übertrug.

Die Auswirkungen der Schockschläge kann man sich folgendermaßen vorstellen: selbst bei hoher Verdichtung (= Kornumlagerung) durch eine statische Kraft ist immer noch eine Anzahl von Körnern an der Umlagerung in die dichtere Packung gehindert, weil sich Kornkanten und Ecken mit denen der Nachbarkörner "verhaken". Durch Einleiten von Schockimpulsen, deren Druckspitzen für Mikrosekunden bis in den Mt-Bereich gehen können, werden die sich "verhakenden" Kanten und Ecken benachbarter Körner abgeschert (Kornzertrümmerung) und die Umlagerung in eine noch dichtere Packung ermöglicht.

5.1.1 Versuchsergebnisse

Die Versuchsergebnisse mit verschiedenen Feuerfest-Massen sind aus der Tab. 1 zu entnehmen. Zu den Versuchsbedingungen ist zu sagen, daß jeweils mit 2 Schocks, und zwar bei 70 % und 90 % des Höchstpreßdrucks gearbeitet wurde, und daß der spezifische Preßdruck den betriebsüblichen Werten entsprechend eingestellt war.

Die Versuchsergebnisse lassen erkennen; im allgemeinen (Ausnahme Zirkonmassen und - geringfügig schlechter - Forsteritmassen) wurden trotz nur einseitigen Preßdrucks, der aber offensichtlich durch die spiegelplattenseitige Schockeinleitung kompensiert wurde, keramisch-physikalische Daten der Preßlinge ermittelt, die geringfügig besser waren als die auf konventionellen Pressen erzielten typischen Werte. Lediglich die KDF (Kaltdruckfestigkeit) war in einigen Fällen schlechter, was auf eine durch die Kornzertrümmerung hervorgerufene Veränderung des Körnungsaufbaus zurückzuführen ist.

Um den Einfluß der Schocks auf die Verdichtung studieren zu können, wurde die Sillimanit-Masse aus Tab. 1 ohne Schock, mit 2 Schocks (bei 70 % und 90 %) und mit 4 Schocks (2 x bei 70 % und 2 x bei 90 %) verpreßt.

Wie aus Tab. 2 zu erkennen ist, tritt neben einer zunehmenden Verschlechterung der KDF eine geringfügige Verbesserung der sonstigen Eigenschaften auf.

5.2 Pneumatisch-hydraulische Vibrationspresse

Als nächstes wurden mit nahezu den gleichen Massen Versuche auf einer Vibrations-Versuchspresse gefahren, die - in Anlehnung an die amerikanischen Impact-Pressen - folgende Konstruktionsmerkmale aufwies (Abb. 6):

Die Presse war als leichte 4-Säulenpresse ausgeführt, bei der die Obertraverse mit 2 Preßlufthämmern von je 5 mkp Schlagkraft und 15 Hz Schlagfrequenz versehen war, die direkt auf den oberen Preßstempel wirkten. Die Obertraverse mit Preßstempel und Preßlufthämmern wiederum konnte hydraulisch mit 15 t Preßdruck nach unten gefahren werden.

Die Arbeitsweise der Presse war so, daß nach dem Füllen der Form die Preßmasse zwecks Entlüftung zunächst mit 5 t hydraulisch vorgepreßt und anschließend mit dem vollen Preßdruck von 15 t beaufschlagt wurde. Erst dann wurden die Preßlufthämmer für eine beliebig einstellbare Zeit in Gang gesetzt. Nach Ablauf der Vibrationszeit und dem Hochfahren der Obertraverse wurde der Preßling durch ein mechanisch auf den - beim Verdichtungsvorgang inaktiven - unteren Preßstempel wirkendes Hebelsystem ausgestoßen.

5.2.1 Versuchsergebnisse

Die Versuchsergebnisse, die bei 20 sec Vibrationszeit erzielt wurden, sind in der Tab. 3 zusammengestellt.

Das Format der Preßlinge betrug hierbei 240 x 50 x 60 mm, woraus sich bei 15 t Preßdruck ein spezifischer Preßdruck von 125 kp/cm^2 errechnet.

Die Preßlinge waren frei von Preßlagen und die keramisch-physikalischen Daten, dieses Mal auch die KDF, erreichten im allgemeinen knapp die betriebsüblichen Vergleichswerte.

Um den Einfluß der Vibrationsdauer auf die Eigenschaftswerte studieren zu können, wurde mit einer hochtonerdehaltigen Masse mit 68 % Al_2O_3-Anteil eine Versuchsreihe mit verschieden langen Vibrationszeiten durchgeführt, deren Ergebnisse aus Abb. 7 hervorgehen.

Wie die Ergebnisse ausweisen, steigt die Rohdichte mit zunehmender Vibrationsdauer asympthotisch gegen einen Endwert, die Porosität und die Wasseraufnahme nehmen in ähnlicher Form ab, und die KDF durchläuft ein Maximum bei 20 sec Vibrationsdauer.

Ob auch bei wesentlich verminderten spezifischen Preßdrücken mit diesem Verdichtungsverfahren noch ausreichende Preßlinge hergestellt werden können, wurde unter Verwendung von Silikamasse und einer großformatigen Form mit 576 cm^2 Oberfläche untersucht.

Tab. 4 zeigt, daß bei einer Verlängerung der Vibrationszeit auf 60 sec die Herstellung von Preßlingen mit nahezu betriebsüblichen Gütewerten auch bei einem spezifischen Preßdruck von nur 26,5 kp/cm^2 möglich ist.

5.3 Schlag-Spindelpresse

Bei der dritten Presse, die für die Untersuchungen über die Wirksamkeit dynamischer Kräfte bei der Verdichtung von trockenen Feuerfestmassen ausgewählt wurde, handelte es sich um eine neu entwickelte schwere Schlag-Spindelpresse mit Direktantrieb des Schwungrades über einen Reversiermotor (Abb. 8). Von den Friktionsspindelpressen üblicher Konstruktion unterscheidet sich diese Presse außerdem noch in folgenden Punkten:

- der die Preßform tragende Aufspanntisch ist hydraulisch abgefedert (Effekt der doppelseitigen Druckeinwirkung).
- Durch eine in Führungen auf und ab gewegliche Quertraverse mit Oberstempel wird zwecks Entlüftung zu Beginn des Preßvorgangs die Preßmasse ein- bis dreimal hydraulisch mit einem bis maximal 30 t einstellbaren Druck vorgepreßt.

- Erst dann wird die durch den Drehsinn der Spindel (Reversiermotor) verursachte Auf- und Abwärtsbewegung des Preßbären (mit Spindelmutter) ausgelöst. Hierbei schlägt der Preßbär bei Abwärtsbewegung auf eine Schlagplatte der hydraulisch vorpressenden Quertraverse und leitet so seine Schlagenergie durch den Oberstempel in die Preßmasse weiter.

Der Preßdruck, der aus der max.. Auftreffgeschwindigkeit, dem Brutto-Arbeitsvermögen des Schwungrades und dem Verdichtungsweg im Preßling berechnet werden kann, beträgt ca. 550 t. Da durch eine Thyristorsteuerung die Motordrehzahl stufenlos regulierbar, d.h. das Schwungrad-Arbeitsvermögen von 0 bis 1100 mkp und die Auftreffgeschwindigkeit von 0 bis 0,63 m/s einstellbar ist, kann man die Schlagstärke aufeinanderfolgender Schläge über eine elektronische Programmsteuerung beliebig vorwählen.

5.3.1 Versuchsergebnisse

Die Presse befand sich z. Zt. der Versuchsdurchführung noch auf dem Prüfstand um die elektronische Steuerung optimal einzustellen. Daß dieses noch nicht befriedigend gelungen war, geht aus den in Tab. 5 zusammengestellten Versuchsergebnissen hervor.

Alle Massen wurden unter den gleichen Bedingungen und zwar mit einem hydraulischen Entlüftungsvordruck von 10 t und drei nachfolgenden Schlägen von 300, 400 und 500 t verpreßt. Alle keramisch-physikalischen Daten der Preßlinge waren geringfügig schlechter als die Daten der auf hydraulischen Pressen bzw. Kniehebelpressen hergestellten Vergleichspreßlinge.

Die für Spindelpressen typische Neigung zur Lagenbildung ist auch bei dieser Presse festzustellen.

Aus der Tab. 6, in der die Auswirkungen verschiedener Preßschlagkombinationen dargestellt sind, geht hervor, daß eine geringfügige Änderung der Preßmassenfeuchte die Eigenschaftswerte der Preßlinge stärker beeinflußt als eine Erhöhung der Schlagzahl oder eine Variation in der Schlagstärke (Zeile 2 u. 4).

5.4 Zwischenergebnis

Als Ergebnis der Untersuchungen, die auf der Schockpresse, der pneumatisch-hydraulischen Vibrationspresse und der Schlagspindelpresse durchgeführt wurden, kann zusammenfassend festgestellt werden:

- Schock- und Schlagverdichtung stellen keine Lösung im Sinne der Aufgabenstellung dar. Wegen der großen, wenn auch nur kurzzeitig auftretenden Kräfte, die bei diesen Verdichtungsverfahren im Spiel sind, müssen Presse und Preßform sehr robust ausgeführt sein, was mit hohen Kosten verbunden ist. Auch die installierten Leistungen liegen in der Größenordnung der hydraulischen- und Kniehebelpressen. Darüber hinaus sind die Ergebnisse in Bezug auf die KDF und die Verdichtung preßschwieriger Massen, wie z.B. Zirkonmassen, unbefriedigend.

- Auf der pneumatischen Vibrationspresse dagegen wurden allgemein befriedigende Eigenschaftswerte, auch im Hinblick auf die KDF, erzielt, wegen der einseitigen Verdichtung allerdings bei nur geringen Steindikken.

Obwohl die untersuchte Vibrationspresse noch in keiner Weise einer im Sinne der Aufgabenstellung gesuchten Lösung entsprach, ließen die auf ihr durchgeführten Versuche erkennen, daß - sowohl vom Verdichtungsmechanismus, wie auch vom maschinentechnischen Aufwand her gesehen - nur die Vibrationsverdichtung eine Lösung des Problems "Handstampfen" bringen kann.

Die weiteren Untersuchungen über die Verdichtbarkeit trockener Feuerfestmassen durch dynamische Kräfte wurden daher an ausgesprochenen Vibrationspressen unterschiedlicher, aber bewährter Konstruktion vorgenommen, die seit vielen Jahren mit Erfolg in der Baustoffindustrie zur Herstellung von Gehwegplatten, Bimsbetonelementen und Betonformsteinen aus plastischen bis halbtrockenen Massen verwendet werden.

Da diese preiswerten, sehr einfach gebauten leichten aber betriebssicheren Pressen nicht für die Verdichtung trockener Massen ausgelegt waren, konnten keine befriedigenden Versuchsergebnisse erwartet werden. Die Untersuchungen sollten vielmehr erkennen lassen, welche Maßnahmen ergriffen werden müssen, um die Vibrationsverdichtung mit Erfolg auch bei trokkenen Massen anwenden zu können.

Als Versuchsmassen wurden nur Silika- und Schamottemassen gewählt, da sie nach dem eingangs Gesagten von allen Massen wohl am häufigsten durch das Handstampfverfahren geformt werden.

5.5 Gehwegplatten-Presse

Bei einer Gehwegplatten-Presse mit einer 250 x 250 mm großen, in Preßstellung fest auf den in Federn gelagerten Schwingtisch aufliegenden Form, wurde die Vibration durch einen an der Schwingtischunterseite angebrachten Unwuchtvibrator mit kreisförmiger Schwingungscharakteristik und 50 Hz Schwingfrequenz erzeugt. Als Auflast diente ein mit Beton ausgegossener, in Führungsschienen auf- und ab beweglicher Stahlblechbehälter von 300 kg Gewicht, an dem der in die Preßform eintauchende Preßstempel befestigt war (Abb. 9). Es ergab sich also bei der verwendeten Form eine spezifische Auflast von ca. 0,5 kp/cm^2.

Beim Vibrieren übertrug der Preßstempel Schwingungen auf die Auflast, die - hierdurch angeregt - unregelmäßige Stampfbewegungen mit niedriger Frequenz und etwa 5 mm Hub ausführte.

5.5.1 Versuchsergebnisse

Die Versuchsergebnisse sind in Tab. 7 zusammengefaßt. Aus ihnen geht hervor, daß sowohl eine Verlängerung der Vibrationsdauer wie auch eine Erhöhung der Feuchtigkeit der Preßmasse zu verstärkter Preßlagenbildung führten. Die Verdichtungswirkung war, wie erwartet, in allen Fällen unbefriedigend.

Die Preßlagenbildung ist auf eine nicht genügende Entlüftung der Preßmasse beim Verdichtungsvorgang, die bei zunehmender Feuchtigkeit noch mehr erschwert wird und auf die Stampfschläge der Auflast zurückzuführen, durch welche die noch in der Preßmasse eingeschlossene Luft im ständigen Wechsel zwischen Stampfphase und Sprungphase komprimiert wird, bzw. expandiert. Hierdurch verstärkt sich die Lagenbildung mit zunehmender Einwirkungsdauer der Stampfschläge.

Höhere spezifische Auflasten als 0,5 kp/cm^2, d.h. bessere Vorverdichtung bzw. Vorentlüftung wirken dagegen bei trockenen Preßmassen, die sich nicht wie plastische Massen durch Vibrationseinwirkung infolge Aufhebung strukturviskoser Effekte (Thixotrophie) verflüssigen lassen (und daher besser entlüften), der Lagenbildung entgegen.

Die schlechte Verdichtung ist nicht nur durch die für trockene Massen zu geringe Zentrifugalkraft des verwendeten Schwingungserzeugers in Höhe von 630 kp zu erklären, sondern sie kommt hauptsächlich dadurch zustande, daß die vorhandene Vibrationsenergie, bedingt durch die Konstruktion der Presse, nur zu einem geringen Bruchteil der zu verdichtenden Preßmasse (9,5 kg) zugute kommt. Der weitaus größte Teil der Vibrationsenergie wird zur Schwingungserregung des Formtisches (110 kg) und der mit ihm fest verspannten Preßform (35 kg) verbraucht; d.h. um knapp 10 kg Preßmasse in Vibration zu versetzen, müssen 150 kg Stahlkonstruktion mitschwingen.

5.6 Bimsbeton-Presse

Eine ganz ähnliche Grundkonzeption wie die zuvor besprochene Plattenpresse wies eine Vibrationspresse zur Herstellung von Bimsbeton-Bauelementen auf, die bei den weiteren Verdichtungsversuchen benutzt wurde (Abb. 10). Auch hier war die Preßform fest mit dem Vibrationstisch verschraubt, der durch vier kleinere, an seiner Unterseite befestigte Unwuchtvibratoren mit je 200 kp Zentrifugalkraft und 100 Hz Schwingfrequenz angeregt wurde. Der Abstand der mit gleichem Drehsinn laufenden Vibratoren voneinander war so groß, daß eine gegenseitige Beeinflussung ausgeschlossen war. Im Gegensatz zu der Gehwegplattenpresse wurde die Auflast mit zwei auf den "Oberstempel" wirkenden hydraulischen Zylindern von je 1000 kp Preßdruck erzeugt. Bei der aufliegenden Preßform für ein Format von 500 x 250 x 125 mm ergab sich eine spezifische Auflast von ca. 0,63 kp/cm^2; das Preßlingsgewicht bei Schamotte und Silika betrug 31 kg.

5.6.1 Versuchsergebnisse

Die Ergebnisse der Verdichtungsversuche sind in der Tab. 8 zusammengestellt. Während sich mit der Silikamasse erst bei 60 s Vibrationszeit ein zusammenhaltender Preßling herstellen ließ, der allerdings beim Abnehmen von der Presse durch sein Eigengewicht zerbrach, hielten die Schamottepreßlinge durch die Tonbindung trotz schlechter Verdichtung zusammen. Eine Verlängerung der Vibrationszeit bei Schamotte von 40 auf 60 s wirkte sich nicht mehr auf die Höhe der Rohdichte aus, führte aber zu leichten Preßlagen.

Die im Vergleich zu der Gehwegplatten-Presse noch schlechtere Verdichtungsleistung der Bimsbetonpresse ist durch die hohe Vibrationsfrequenz von 100 Hz, die bei den plastischen Bimsbeton-Massen zwar möglicherweise Vorteile bietet (Thixotropie), bei den trockenen Feuerfest-Massen aber nicht ausreichende Tiefenwirkung aufweist, zu erklären. Hinzu kommt, daß die Preßlingsdicke mit 125 mm schon ziemlich groß ist.

5.7 Betonstein-Formmaschine

Recht gut verdichtete Silika- und Schamottepreßlinge konnten dagegen auf einer weiteren Betonstein-Formmaschine hergestellt werden (Abb. 11).

Im Gegensatz zu den beiden zuletzt besprochenen Pressen wurde bei dieser Maschine mit gerichteten Schwingungen von 25 Hz gearbeitet. Zwei parallele, durch Exzenterantrieb wechselseitig auf- und abschwingende Stampfer leiteten die Vibrationen über den als Stampfplatte ausgebildeten Oberstempel direkt in die in der Preßform befindliche Masse ein, ohne daß die Form oder der Formentisch mit erregt wurden. Das gesamte Vibrier-Stampfwerk mit Motor (280 kg) diente gleichzeitig als Auflast. Für die bei den Versuchen verwendete quadratische Form für Plastersteine mit den Abmessungen 125 x 125 x 100 mm betrug der spezifische Auflastpreßdruck ca. 1,8 kp/cm^2.

5.7.1 Versuchsergebnisse

Die Versuchsergebnisse sind in der Tab. 9 wiedergegeben.

Bei Silika-Massen wurde bei geringer Feuchtigkeit der Preßmasse (5 % H_2O) eine mit der Vibrationszeit zunächst stärkere dann abnehmende Erhöhung der Rohdichte, bei geringfügig feuchteren Massen (5,4 % H_2O) eine etwas höhere, ab 20 s Einwirkungsdauer aber nicht mehr zunehmende Verdichtung beobachtet.

Schamottemassen verhielten sich ähnlich, nur daß bei ihnen offensichtlich eine längere Vibrationszeit unabhängig vom Feuchtigkeitsgehalt etwas günstigere Werte brachte. Die betriebsüblichen "typischen" Werte wurden fast erreicht; die Preßlinge waren aber eindeutig auf der Einwirkungsseite, d.h. auf der dem aktiven Oberstempel zugehörigen Seite stärker verdichtet als auf der Gegenseite, die dem inaktiven Amboß bzw. der Spiegelplatte zuzuordnen ist.

6. Folgerungen aus den Untersuchungen an dynamischen Formgebungsmaschinen

Die unter den Abschnitten 5. 4, 5. 5. 1, 5. 6. 1 und 5. 7. 1 aufgeführten Versuchsergebnisse, Beobachtungen und Überlegungen ließen erkennen, daß auf die Verdichtung trockener Feuerfestmassen durch Vibration folgende Punkte einen entscheidenden Einfluß ausüben:

- Vibrationsenergie (Zentrifugalkraft)
  Sie muß bei trockenen Massen wegen der großen inneren Reibung wesentlich größer sein als bei halbplastischen Massen, wie z. B. Beton. Es müssen daher schwere Rüttler mit mindestens 2000 kp Zentrifugalkraft verwendet werden.

- Schwingungscharakteristik
  In Preßrichtung wirkende gerichtete Schwingungen sind bei trockenen Massen wirkungsvoller als kreisförmige Schwingungen, welche offensichtlich die Preßlagenbildung begünstigen. Gerichtete Schwingungen werden durch 2 gegenläufige, sich selbst synchronisierende Rüttler erzeugt.

- Frequenz
  Hohe Frequenzen (100 Hz und höher) haben bei trockenen Massen ungenügende Tiefenwirkung, niedrige Frequenzen (kleiner als ca. 15 Hz) mit großer Amplitude haben schon mehr den Charakter von Stampfschlägen und können bei entlüftungsschwierigen Massen Preßlagen hervorrufen. Bei trockenen Feuerfestmassen wurden im Bereich von 25 bis 50 Hz günstige Ergebnisse erzielt.

- Auflast
  Die Höhe der spezifischen Auflast beeinflußt sehr wesentlich den Verdichtungserfolg. Da sie, nach dem unter Abschnitt 4. Gesagten, die innere Reibung der Preßmasse, die nach der Art der Bindung, Kornform, Feuchtigkeit usw. sehr unterschiedlich sein kann, angepaßt werden muß, sollte sie in weiten Grenzen regelbar sein. Für trockene Massen stellt ein spezifischer Auflastwert von 2, 0 kp/cm^2 die untere Grenze dar.

- Einleitung der Vibration in die Preßmasse
  Durch konstruktive Maßnahmen muß erreicht werden, daß möglichst wenige am Verdichtungsvorgang nicht direkt beteiligte Maschinenteile mitschwingen, d. h. , daß die erzeugten Schwingungen fast ausschließlich der zu verdichtenden Masse zugute kommen.

- Doppelseitige Verdichtung
  Die für eine gleichmäßige Verdichtung vorteilhafte, doppelseitige Krafteinleitung in die Preßmasse muß durch Mitschwingen der Auflast erzielt werden. Dieses kann wie unter Abschnitt 5. 5 durch eine frei bewegliche Auflast, vorteilhafter aber durch einen pneumatischen Zylinder erfolgen, dessen Gaspolster im Gegensatz zur Ölfüllung eines hydraulischen Zylinders ein gewisses Mitschwingen des Oberstempels ermöglicht und noch dazu eine stufenlose Regelung der Höhe der Auflast über ein Reduzierventil gestattet.

7. Vibrationspresse für trockene Feuerfestmassen

Unter Berücksichtigung der aus den Untersuchungen gewonnenen Erkenntnisse und Folgerungen und unter Berücksichtigung der Forderungen nach einer leichten, einfachen und preiswerten Konstruktion wurde in Zusammenarbeit mit einer auf dem Sektor Betonformstein-Vibrationspresse erfahrenen Maschinenfabrik, die in der Abb. 12 und 13 dargestellte Presse zur Formgebung von trockenen Feuerfestmassen entwickelt.

An dem als Rahmenkonstruktion ausgeführten Gestell der Presse befinden sich in der Rüttelstation zwei Führungssäulen für die pneumatisch heb- und senkbare, als Auflast dienende Quertraverse mit dem Oberstempel. Der Preßluftdruck ist über ein Reduzierventil stufenlos regelbar und die beiden pneumatischen Zylinder mit einem Arbeitshub von 300 mm sind so bemessen, daß sie zusammen bei einem Preßluftdruck von beispielsweise 5 atü eine Preßkraft von 3,2 t aufbringen. Unter dem in Führungsschienen zwischen Rüttelstation und Füll- bzw. Ausstoßstation durch einen weiteren pneumatischen Zylinder verfahrbaren Formkasten befindet sich die auf Schwingelementen abgestützte Rüttelplatte, welche durch zwei schwere, zur Erzielung gerichteter Schwingungen gegenläufige Unwuchtvibratoren mit 50 Hz Schwingfrequenz angeregt wird.

Die Zentrifugalkraft ist in sechs Stufen von 1100 bis 2400 kp verstellbar. Als "Unterstempel" befindet sich in der Form eine ca. 30 mm dicke, nach unten etwas aus der Form hervortretende Stahlplatte, die in der Füllstation auf den Ausstoßdornen und in der Rüttelstation auf der Rüttelplatte bündig aufliegt. Durch diese konstruktive Lösung werden die Vibrationskräfte nahezu verlustfrei in die zu verdichtende Masse eingeleitet. Der Ausstoß erfolgt ebenfalls pneumatisch über die bereits erwähnten Ausstoßdorne, die die Unterstempelplatte mit dem Preßling hochdrücken. Der gesamte Funktionsablauf wird über Endschalter und Zeitrelais gesteuert. Ein Preßzyklus besteht aus folgenden Einzelschritten:

Die in Füllstellung befindliche Form wird mit der abgewogenen Preßmasse gefüllt. Dann wird durch Knopfdruck die Presse in Betrieb gesetzt, wobei der automatische Ablauf eingeleitet wird:

- Die Form fährt auf die Rüttelstation.
- Die Auflast senkt sich mit dem Oberstempel auf die Form und preßt die Masse mit einem über das erwähnte Reduzierventil vorwählbaren Druck von beispielsweise 2 t zusammen (hierbei Vorentlüftung).
- Nun werden die Vibratoren für eine, über ein Zeitrelais vorwählbare Zeit eingeschaltet.
- Nach 1 bis 2 Sekunden Vibrationszeit (ebenfalls über Zeitrelais einstellbar) wird die Auflast zur Entlüftung noch einmal kurz angehoben und sofort wieder bis zum Ablauf der vorgewählten Vibrationszeit abgesenkt.
- Nach dem Stillstand der Vibratoren wird die Auflast angehoben.
- Die Form fährt zurück in die Füll- und Ausstoßstation.
- Der fertige Stein wird ausgestoßen und kann abgenommen werden.

Bei 10 Sekunden Vibrationszeit werden vom Füllen der Form bis zur Abnahme des fertigen Preßlings knapp 20 Sekunden benötigt.

7.1 Versuchsergebnisse

Verdichtungsversuche, die mit sehr unterschiedlichen, von verschiedenen Werken der Feuerfest-Industrie zur Verfügung gestellten trockenen Feuerfest-Massen durchgeführt wurden, zeigten, daß sich bei optimaler Abstimmung der die Verdichtung beeinflussenden Faktoren, und zwar in erster Linie der Massefeuchtigkeit, der Vibrationsdauer und der Größe der spezifischen Auflast in vielen Fällen gute Ergebnisse erzielen lassen.

In der Tab. 10 sind die am grünen Preßling durch Ausmessen ermittelten Rohdichten von vibrationsverdichteten und auf den üblichen Trockenpressen hergestellten Steinen einander gegenübergestellt. Bei diesen Preßlingen handelt es sich um einfache Quader mit den Abmessungen 200 x 200 x 100 mm, d. h. je nach verwendeter Preßmasse mit einem Gewicht von ca. 8 bis 12 kg, sowie um sehr komplizierte mit Nuten und Federn versehene 330 x 170 x 150 mm große Formsteine mit einem Gewicht von ca. 15 bis 22 kg, deren Fergigung auf Trockenpressen wegen der schlechten Verteilung der Preßmasse in der Form bei ausschließlich statischer Kräfteeinleitung bereits Schwierigkeiten macht.

Die Zentrifugalkraft war bei allen Versuchen auf 1800 kp eingestellt. Diese Maßnahme war mit Rücksicht auf die Belegschaft erforderlich, da der Prototyp der Vibrationspresse noch nicht schallgedämmt war und bei voller Leistung einen Lärmpegel von 108 dB(A) erzeugte. Die reduzierte Vibrationsstärke erforderte zwar eine Verlängerung der Vibrationsdauer von 2 bis 5 sec, um die gleichen Ergebnisse wie bei einer Zentrifugalkraft von 2400 kp zu erreichen, sie war aber Dank der nahezu verlustfreien Kräfteeinleitung bei angemessenen kurzen Vibrationszeiten noch ausreichend zur guten Verdichtung von ca. 20 kg trockener Preßmasse. Die in der Maschine steckende Kraftreserve braucht also erst bei noch höheren Formsteingewichten oder bei preßschwierigen Massen mobilisiert zu werden.

Die Auswirkungen der Vibrationsdauer und Massefeuchtigkeit einer Silikamasse auf die Rohdichte von grünen und gebrannten Formsteinen sind in der Abb. 14 dargestellt. Die feuchteren Massen lassen sich wegen der herabgesetzten inneren Reibung durch die wie ein Gleitmittel wirkenden, die Massekörner umgebenden Wasserhüllen schon bei geringerer Vibrationsdauer höher verdichten als die trockene Masse; ab 8 sec Einwirkungszeit läßt sich bei diesen jedoch eine beginnende Preßlagenbildung feststellen, nicht dagegen bei der trockenen Masse. Nach dem Sintern sind die Rohdichten der 6 sec lang vibrierten feuchten Preßlinge und des 10 sec lang vibrierten trockenen Preßlings gleich, wobei der letztere die Gewähr für vollkommene Freiheit von Preßlagen bietet, was allerdings mit einer etwas verlängerten Vibrationszeit erkauft werden muß.

Die Auswirkung der Massefeuchtigkeit einer hochtonerdhaltigen Masse mit 72 % Al_2O_3-Gehalt auf die Rohdichte (Rg), die Gesamtporosität (Pg) und die Kaltdruckfestigkeit (KDF) bei gleicher Vibrationsdauer (20 sec) und Auflast (5 kp/cm^2) sind aus der Abb. 15 zu erkennen. Das Feuchtigkeitsoptimum dieser Masse mit 4,0 % H_2O, bei dem die betriebstypischen Werte für Rg, Pg und KDF übertroffen wurden, zeichnet sich deutlich ab.

bei einer weiteren Erhöhung der Feuchtigkeit verschlechtern sich die Werte wieder und künden den allmählichen Beginn der Preßlagenbildung an.

Welche Auswirkung die spezifische Auflasthöhe bei gleicher Vibrationsdauer von 10 sec auf die Rohdichte, die Gesamtporosität und die Kaltdruckfestigkeit von Schamottemassen mit 25 % und 40 % Bindetonanteil ausübt, ist in der Tab. 11 dargestellt. Die beiden Massen reagieren unterschiedlich auf die Höhe der Auflast. Die Schamottemasse mit 40 % Bindetonanteil neigt bei höheren Auflasten zur Lagenbildung, was auf Entlüftungsmängel hindeutet, die bei geringeren Auflasten nicht auftreten. Diese Erscheinung wurde bei Massen mit hoher Tonbindung häufiger beobachtet, ist aber nicht zu verallgemeinern, sondern vom Charakter der Preßmasse abhängig.

Zur Formgebung komplizierter Formate erwies sich die Vibrationsverdichtung als besonders vorteilhaft. Durch die Relativbewegung der vibrierenden Preßmasse zur feststehenden Formwand wird die Wandreibung weitgehend aufgehoben, was der Bildung von Preßtexturen entgegenwirkt. Die Vibration bewirkt weiterhin, daß sich die Masse gleichmäßig in der Form verteilt, wodurch Ecken, Kanten und Federn besonders gut ausgeformt werden. Bei Formaten mit z. B. treppenförmig abgesetzten Preßlingsdicken in Preßrichtung kann das sonst beim Füllen der Form praktizierte Anhäufen der Masse zur dickeren Steinseite hin entfallen.

Durch die gute Masseverteilung ist es möglich, an und für sich nicht preßfähige Formate mit quer zur Ausstoßrichtung liegenden Nuten und Federn herzustellen. Vor dem Einfüllen der Preßmasse werden profilierte Einlagen - bei geringen Stückzahlen genügt Hartholz - in die Form eingebracht, die nach dem Verdichtungsvorgang mit ausgestoßen und abgenommen werden können.

Wegen der geringen statischen Kräfte, die bei dem Verdichtungsvorgang auftreten, kann die Preßform sehr leicht gebaut sein, was sich nicht nur günstig auf die Herstellungskosten, sondern auch auf den Zeitaufwand beim Formenwechsel auswirkt.

7.2 Betriebserfahrungen

Die bei den Verdichtungsversuchen auf der neuentwickelten Vibrationspresse für trockene Feuerfest-Massen erzielten günstigen Ergebnisse, die Möglichkeit, auch komplizierte Formate fertigen zu können, der preiswerte und einfache Formenbau, durch den auch kleinere Serien in wirtschaftlicher Weise maschinell geformt werden können, der geringe Energiebedarf (Anschlußwert 2, 4 KW) und nicht zuletzt der relativ geringe Anschaffungspreis der Presse führte dazu, daß inzwischen 15 Vibrationspressen in Feuerfest-Betrieben zur Produktion von Formsteinen eingesetzt wurden, von denen einige schon seit mehreren Monaten zufriedenstellend in Produktion stehen.

Nachdem es durch konstruktive Maßnahmen gelungen war, die große Lärmerzeugung auf den erträglichen (und nach den Auflagen der TA Lärm zulässigen) Pegel von 85 dB(A) zu senken, konnte die Leistungsreserve der Presse voll ausgenutzt werden. Dieses führte in einem Feuerfest-Betrieb dazu, daß bei der Formgebung von Silika-Formsteinen die Vibrationszeit auf 2 sec verringert werden konnte.

Viele Betreiber der Vibrationspresse sind aufgrund ihrer Betriebserfahrung der Ansicht, daß sich die Presse über die ursprünglich beabsichtigte Verwendung als "Handstampfersatz" hinaus in vielen Fällen auch wirtschaftlich für die Formgebung größerer Serien üblicher Formsteine, die sonst auf hydraulischen Pressen, Friktionsspindelpressen und Kniehebelpressen hergestellt wurden, einsetzen läßt.

Der automatische Funktionsablauf, die geringe Störanfälligkeit und die große Anpassungsfähigkeit an den Charakter der Preßmasse werden allgemein positiv beurteilt.

7.3 Wirtschaftlichkeitsbetrachtung

Legt man eine durchschnittliche Vibrationszeit von 10 sec zugrunde, so lassen sich bei einem Mann Bedienung unter Berücksichtigung der Nebenzeiten etwa 100 bis 120 Steine/Stunde auf der Vibrationspresse fertigen. Bei einem Steingewicht von 6 bis 7 kg entspricht das einer Leistung von etwa 5 t/Schicht gegenüber 1 t/Mann und Schicht, die üblicherweise bei der Formgebung durch das Handstampfverfahren erreicht werden.

Vergleicht man das Handstampfen, den Einsatz der Vibrationspresse und den Einsatz einer Friktionsspindelpresse miteinander, so ergibt sich nach der Tab. 12 - obwohl für die Vibrationspresse bewußt nur eine Leistung von 3 t/8 h angenommen wurde - für sie eine Amortisationszeit von 1,72 Jahren und eine Gesamtrentabilität in 10 Jahren von 184 %.

Auf einer schweren Spezialausführung der Vibrationspresse, von der zwei Exemplare im Einsatz sind, können großformatige Blöcke von max. 800 x 600 x 400 mm hergestellt werden. Die Vibrationskraft wurde bei diesem Modell auf 5000 kp erhöht, außerdem besteht die Möglichkeit, bei hohen Formaten einen zusätzlichen Auflastvibrator mit 1500 kp am Oberstempel anzubringen. Der Steinausstoß erfolgt im Gegensatz zum Grundmodell hydraulisch.

Auf der einen in der Kalksandstein-Industrie eingesetzten Presse werden Formteile mit einem Stückgewicht von 300 kg produziert, während auf der anderen Presse, die in einem Feuerfest-Betrieb steht, bei nur 4 min. Taktzeit einschließlich aller Nebenarbeiten komplizierte Schamotte-Formsteine für Müllverbrennungsanlagen mit einem Stückgewicht von über 100 kg gefertigt werden, deren Herstellung durch das Handstampfverfahren bei gleichem Personalaufwand zuvor 30 min. in Anspruch nahm.

8. Zusammenfassung

Die vorliegenden Untersuchungen hatten das Ziel, das körperlich anstrengende, lohnintensive Handstampfverfahren durch ein geeignetes wirtschaftlich vertretbares, maschinelles Formgebungsverfahren zu ersetzen. Eine kritische Betrachtung der konventionellen Trockenpreßmethoden und das Studium der einschlägigen Literatur ließen erkennen, daß die Aufgabenstellung wenn überhaupt, dann nur mit einer Formgebungsmaschine gelöst werden kann, bei der der Verdichtungsvorgang durch das Zusammenspiel statischer und dynamischer Kräfte erfolgt, da einerseits die hohe innere Reibung trockener Preßmassen drastisch herabgesetzt werden muß und andererseits der aufgelockerte Kornverband beim Umordnen in eine dichte Packung statische Hilfskräfte benötigt.

Untersuchungen, die an 6 verschiedenen, mit dynamischen und statischen Kräften operierenden Formgebungsmaschinen durchgeführt wurden, bestätigten diese Auffassung und führten zu wichtigen Erkenntnissen, die bei der Entwicklung und Konstruktion einer neuartigen Vibrationspresse für trockene Feuerfestmassen zugrunde gelegt wurden.

Die Ergebnisse der Verdichtungsversuche, die auf der neuen Presse mit verschiedenartigen Feuerfest-Massen erzielt wurden, wie auch die Betriebsergebnisse der in der Feuerfest-Industrie eingesetzten Pressen entsprachen den Erwartungen. Es zeigte sich, daß bei optimaler Kombination der den Verdichtungsvorgang beeinflussenden Faktoren die Herstellung von komplizierten feuerfesten Formsteinen mit guten physikalisch-keramischen Eigenschaften durch starke Vibrationskräfte in Verbindung mit relativ geringen statischen Zusatzkräften bei nur geringem Energiebedarf auf einer im Sinne der Aufgabenstellung leichten, einfachen und preiswerten Vibrationspresse geeigneter Konstruktion in wirtschaftlicher Weise in vielen Fällen möglich ist. Eine schwere Ausführung der Vibrationspresse gestattet die Formgebung großformatiger Blöcke und Formsteine von ca. 100 bis 300 kg Stückgewicht und schließt damit eine weitere Lücke in der Palette der Formgebungsmaschinen.

Den an den Versuchen beteiligten Maschinenfabriken und Feuerfest-Firmen sei für die großzügige Unterstützung bei der Durchführung der Versuche an dieser Stelle nochmals besonders gedankt.

Literaturverzeichnis

(1) Konopicky, K., Feuerfeste Baustoffe. Herstellung und Verwendung. Verlag Stahleisen, 1957.
(2) Harders, F. und S. Kienow, Feuerfestkunde. Springer-Verlag, 1960.
(3) Klesper, R., Die Hand- und Maschinenformerei für Schamottsteine. Sprechsaal 70 (1937) S. 363/365.
(4) Orf, O., Das Preßluftstampfen in der feuerfesten Industrie. Tonind. Ztg. 58 (1934) S. 833/835.
(5) Torkar, K., Berechnung der Druckverhältnisse beim Pressen von Pulvern. Archiv für das Eisenhüttenwesen 27 (1956) H 4, S. 285/288.
(6) Welter A., Das Verpressen staubförmiger bis körniger besonders feuerfester Massen unter Beachtung der Preßmethode. Sprechsaal 100 (1967) 21, S. 843/846; 101 (1968) 1, S. 5/7; 3, S. 112/114; 4, S. 198/202.
(7) Larin, A.P., Über einige Parameter des Preßvorgangs und über Anforderungen, die an Pressen für halbtrockene Verformung gestellt werden. Ogneupory 23 (1958) H 11, S. 504/508.
(8) Papen, E.L.J., Isostatische Preßtechnik. Berichte der Deutschen Keramischen Gesellschaft 44 (1967) 3, S. 82/89.
(9) Afanas'ev, V.A., Collection of Transactions of the Scientific Research Institute of Concrete an Reinforced Concrete, No. 21, Moscow, Gosstroiizdat (1961).
(10) Prikarz, R., Untersuchungen zu den Vorgängen im Boden bei der Rüttelverdichtung eines Kiessandbodens mit einer Vibrationswalze. Aachener Baumaschinen- und Betriebsberichte, 1970.
(11) Schroer, F., Das Bewegungsverhalten der quadratisch erregten Punktmasse auf einer schwingfähigen Säule bei nichtlinearem Elastizitätsgesetz und innerer Dämpfung. Aachener Baumaschinen- und Betriebsberichte, 1971, 6.
(12) Jam, V.M., V.F. Stepanov und N.K. Evseenko, Dichte von Erzeugnissen aus halbtrockenen Siliciumcarbidmassen bei Vibrationsschlagverdichtung. Ogneupory 34 (1969) 11, S. 17/19.
(13) Jam, M., Einfluß der Kräftefaktoren auf die Dichte der Erzeugnisse bei Viborverdichtung. Ogneupory 35 (1970) 2, S. 9/12.
(14) Svjatkin, B.K. und Z.P. Svjatkina, Das Vibrationspressen von Formen unter hohem spezifischem Druck. Litejnoe Proizvodstvo 1961, H 12, S. 20/23.
(15) Brackpool, J.L. und L.A. Phelps, Vibratory Compacting of Metal Powders. Powder Metallurgy 7 (1964) 14, S. 213/227.
(16) Mc Fetridge, D. und J. Byrne, Vibrationspressen von keramischen Pulvern. Proc. Brit. Ceram. Soc. 12 (1969) S. 165/178.
(17) Küppers, E., Beitrag zur Dimensionierung von Rütteleinrichtungen für die Verdichtung von Frischbeton. Dissertation RWTH Aachen, 1965.
(18) Plowman, J.M., Effectiveness of vibration of concrete. The Engineer (1954), 26.2., S. 302.
(19) Plowman, J.M., Compaction of concrete vibration. The Engineer (1957), 31.5., S. 830.
(20) Plowman, J.M., The influence of cariables in the vibration of concrete. Concrete Building and Concrete Products (1953) 9, S. 205.
(21) Plowman, J.M., Recent research on the vibration of concrete. The Reinforced Concrete Review (1956) 3, S. 177.
(22) Jurecka, W. und E. Vluchakis, Vergleichende Untersuchungen über Straßenbeton unter Änderung der Kornzusammensetzung im Feinsandbereich und Verdichtung durch Oberflächenrüttler. Straßenbau und Verkehrstechnik, 1966, 48.
(23) Garbotz, G., Warum ist es der Forschung bisher nur unbegrenzt gelungen, die Vorgänge bei der statischen und dynamischen Verdichtung zu klären. Baumaschine und Bautechnik 5 (1958) H. 12, S. 397.

(24) Garbotz, G., Untersuchung der Verdichtungsvorgänge bei der Fertigung von Betonstraßendecken mittels Oberflächenrüttler. Straße und Autobahn 4 (1953) H 1, S. 17.
(25) Garbotz, G., Erfolge und Grenzen der Rüttelverdichtung von Boden, Schotter-, Beton- und Schwarzbelägen. Der Straßenbau 49 (1958) H 8, S. 235.
(26) Ersoy, S., Untersuchungen über die Verdichtungswirkung von Tauchrüttlern. Dissertation RWTH Aachen, 1962.
(27) Dimpfl, G., Untersuchungen über den Energieaustausch bei der Bodenverdichtung mit Sprungrüttlern. Forschungsbericht des Landes Nordrhein-Westfalen Nr. 1780.
(28) Keller, H., Energieaufnahme rolliger Böden. Dissertation RWTH Aachen, 1971.
(29) L'Hermite, R., Französische Forschungen über das Rütteln des Betons. Die Bautechnik 36 (1959) H 2, S. 56.
(30) L'Hermite, R., Recents recherches sur la vibration du béton frais. Cahier du Centre Scientifique et Techniques du Batiment (1950) 7.
(31) L'Hermite, R., Tendançes actuelles dans la recherche expérimentale sur le béton. Béton armé (1959) 20, S. 1.
(32) Walz, K., Rüttelbeton. Verlag Wilhelm Ernst und Sohn, Berlin, 1960.
(33) Grubnik, G.A., Rational Limits and Means of Expanding the Field of Application of the Vibratory of Compacting Soils. Candidates Dissertation, Leningrad, LKVVIA Im. Mozhaiskogo (1955).

Anhang
a) Tabellen

Tab. 1: Verdichtungsversuche auf einer 500 t Schockpresse
Alle Massen 2 x mit 120 mkp geschockt bei 70 und 90 % des Höchstpreßdrucks, Formatgröße 250 x 125 x 62,5 mm
(Typische Werte auf den betriebsüblichen Pressen in Klammern)

Material	Feuchtigkeit % H_2O	spez. Preßdruck kp/cm^2	Rohdichte gebr. g/cm^3	Gesamtporosität %	Kaltdruckfestigkeit kp/cm^2	Bemerkungen
Forsterit	2,5	800	2,91 (2,92)	21,3 (20,0)	483 (637)	
Magnesit	2,0	945	3,05 (3,00)	16,5 (17,0)	660 (>350)	
Schamotte	6,0	900	2,27 (2,25)	12,1 (14,0)	690 (750)	
Silika	5,2	600	1,85 (1,86)	16,1 (15,0)	490 (570)	
Sillimanit	3,0	600	2,41 (2,40)	23,1 (20,0)	610 (750)	
Zirkonsilikat	3,8	600	./. (3,70)	./. (19,0)	./. (900)	Steine zerfielen beim Ausstoßen
HT-Masse 68 % Al_2O_3	3,6	945	2,55 (2,48)	17,2 (18,0)	675 (675)	

Tab. 2: Verdichtungsversuche auf einer 500 t Schockpresse
Masse jeweils 3,0 % Feuchtigkeit,
Formatgröße: 250 x 125 x 62,5 mm
(Typische Werte auf den betriebsüblichen Pressen in Klammern)

Material	Schock 120 mkp bei 70 % d. Höchstpreßdrucks (Spez. 600 kp/cm^2)	90 %	Rohdichte gebr. g/cm^3	Gesamtporosität %	Kaltdruckfestigkeit kp/cm^2
	0	0	2,40	23,2	640
Sillimanit	2 x	2 x	2,41 (2,40)	23,1 (20,0)	610 (750)
	4 x	4 x	2,42	22,9	580

Tab. 3: Verdichtungsversuche auf einer pneumatisch-hydraulischen Vibrationspresse
Spez.-Preßdruck jeweils 125 kp/cm^2, Vibrationszeit jeweils 20 sec.
Formatgröße: 240 x 50 x 60 mm
(Typische Werte auf betriebsüblichen Pressen in Klammern)

Material	Feuchtigkeit % H_2O	Rohdichte gebr. g/cm^3	Gesamtporosität %	Kaltdruckfestigkeit kp/cm^2
Forsterit	3,2	2,81 (2,79)	19,0 (19,0)	565 (550)
Magnesit	2,0	2,79 (3,0)	16,8 (17,0)	450 (>350)
Schamotte	6,5	2,10 (2,13)	14,7 (12,1)	650 (700)
Silika	5,2	1,89 (1,85)	18,4 (21,0)	650 (570)
Sillimanit	3,1	2,26 (2,40)	24,6 (20,0)	820 (900)
Zirkonsilikat	3,7	3,73 (3,70)	18,9 (19,0)	835 (900)
HT-Masse 68 % Al_2O_3	3,9	2,37 (2,43)	21,5 (20,1)	830 (780)

Tab. 4: Verdichtungsversuche auf einer pneumatisch-hydraulischen Vibrationspresse
Massefeuchtigkeit 5,2 % H_2O
Spez.-Preßdruck jeweils 26,5 kp/cm^2
Formatgröße: 240 x 240 x 60 mm
(Typische Werte auf den betriebsüblichen Pressen in Klammern)

Material	Vibrationszeit sec.	Rohdichte gebr. g/cm^3	Gesamtporosität %	Kaltdruckfestigkeit kp/cm^2
	30	1,80	22,0	360
Silika		(1,86)	(21,0)	(570)
	60	1,84	20,4	550

Tab. 5: Verdichtungsversuche auf einer 500 t Schlagspindelpresse
Hydraulischer Entlüftungsvordruck: 10 t
Jeweils 3 Schläge je 300, 400 und 500 t
(Typische Werte auf den betriebsüblichen Pressen in Klammern)

Material	Feuchtigkeit % H_2O	Rohdichte gebr. g/cm^3	Gesamtporosität %	Kaltdruckfestigkeit kp/cm^2	Bemerkungen
Forsterit	2,5	2,67 (2,92)	22,2 (20,0)	600 (637)	
Magnesit	2,1	2,96 (3,00)	19,2 (17,0)	490 (>350)	
Schamotte	6,0	2,23 (2,24)	12,2 (14,0)	520 (700)	
Silika	5,0	1,89 (1,88)	18,0 (20,6)	560 (550)	
Sillimanit	3,0	2,34 (2,40)	22,4 (20,0)	./. (750)	Preßlagen
Zirkonsilikat	3,7	./. (3,70)	./. (19,0)	./. (900)	Steine zerfielen beim Ausstoßen

Tab. 6: Verdichtungsversuche auf einer 500 t Schlagspindelpresse
Auswirkungen verschiedener Preßschlagkombinationen auf Rg, Pg und KDF
(Typische Werte: Rg: 2,92; Pg: 20,0; KDF: 637)

Material	Feuchtigkeit % H_2O	Schläge je t 300 400 500	Rohdichte gebr. g/cm^3	Gesamtporosität %	Kaltdruckfestigkeit kp/cm^2	Bemerkungen
		1 1 0	2,65	27,3	580	
Forsterit	2,5	1 1 1	2,67	22,2	600	
		2 0 3	2,77	25,6	./.	Preßlagen
	3,0	1 1 1	2,86	23,3	630	

Tab. 7: Verdichtungsversuche auf einer Gehwegplatten-Presse
Auswirkungen von Massefeuchtigkeit und Vibrationsdauer auf die Rohdichte grün, kreisförmige Schwingungen mit 50 Hz, Zentrifugalkraft = 630 kp, Auflast = 0,5 kp/cm^2, Formatgröße: 250 x 250 x 75 mm

Material	Feuchtigkeit % H_2O	Vibrationsdauer sec.	Rohdichte grün g/cm^3		Bemerkungen
Silika	5,2	10	1,95	(typ. 2,28)	
		20	2,05		
		30	2,10		Preßlagen
	5,8	10	2,00		
		20	2,10		Preßlagen
		30	./.		starke Preßlagen
	6,5	5	2,15		leichte Preßlagen
		10	./.		starke Preßlagen
Schamotte	6,4	10	1,96	(typ. 2,24)	
		20	2,06		
		30	2,04		leichte Preßlagen
	7,5	5	2,05		
		10	2,03		leichte Preßlagen
		20	./.		starke Preßlagen

Tab. 8: Verdichtungsversuche auf einer Bimsbeton-Presse
Auswirkung der Vibrationsdauer auf die Rohdichte grün,
Silika = 5,5 % H_2O; Schamotte = 6,5 % H_2O;
Formatgröße : 500 x 250 x 125 mm
kreisförmige Schwingungen mit 100 Hz, Zentrifugalkraft = 4 x 200 kp
Auflast = 0,63 kp/cm^2

Material	Vibrationsdauer sec.	Rohdichte grün g/cm^3	Bemerkungen
Silika	20	./.	keine Verdichtung, Stein zerfällt beim Ausstoßen
	40	./. (typ. 2,24)	keine Verdichtung, Stein zerfällt beim Ausstoßen
	60	1,85	schlechte Verdichtung, Stein zerbricht in der Hand
Schamotte	20	1,83	schlechte Verdichtung
	40	1,87 (typ. 2,25)	schlechte Verdichtung, leichte Preßlagen
	60	1,87	schlechte Verdichtung, leichte Preßlagen

Tab. 9: Verdichtungsversuche auf einer Betonstein-Formmaschine
Auswirkungen der Vibrationsdauer und Massefeuchtigkeit auf die Rohdichte grün
Formatgröße: 125 x 125 x 100 mm
Vibrier-Stampfwerk 25 Hz, gerichtete Schwingungen,
Auflast = 1,8 kp/cm^2

Material	Feuchtigkeit % H_2O	Vibrationsdauer sec.	Rohdichte grün g/cm^3		Bemerkungen
Silika	5,0	10	2,19	(typ. 2,28)	alle Formlinge waren frei von Preßlagen
		20	2,24		
		30	2,25		
	5,4	10	2,20		aber
		20	2,26		
		30	2,26		
Schamotte	6,0	10	2,11	(typ. 2,24)	die Verdichtung war auf der Einwirkungsseite höher als auf der Gegenseite
		20	2,16		
		30	2,20		
	6,5	10	2,13		
		20	2,18		
		30	2,22		

Tab. 10: Verdichtungsversuche auf einer Vibrationspresse für trockene Feuerfest-Massen
Rohdichten von vibrationsgepreßten Formlingen im Vergleich zu den Rohdichten trockengepreßter Formlinge
0 = Formatgröße 200 x 200 x 100 mm; Steingewicht 8 - 12 kg,
X = Formatgröße 330 x 170 x 150 mm; Steingewicht 15 - 22 kg

Material		Feuchtigkeitsgehalt % H_2O	Vibrationsdauer sec.	Rohdichte grün g/cm^3	
				vibrationsgepreßt	typ. Betriebswerte
Silika 1	0	5,0	10	2,35	2,28
Silika 2	X	4,8	10	2,29	2,24
Silika 3	X	5,0	10	2,29	2,26
Silika 4	0	5,5	2-4	2,24	./.
Schamotte (40 % Bindeton)	X	6,0	15	2,30	2,10
Korund 90 %	X	3,0	12	3,00	2,80
SiC 1	0	2,8	10	3,00	2,85
SiC 2	X	2,8	10	2,75	2,68
Mullit	X	3,5	15	2,86	2,78
Magnesit	X	3,6	10	2,90	2,85
Cordierit	X	7,3	10	2,10	2,10

Tab. 11: Verdichtungsversuche auf einer Vibrationspresse für trockene Feuerfest-Massen
Auswirkung der Auflast bei Schamottmassen mit 25 und 40 % Bindetonanteil auf die Rohdichte gebrannt, die Gesamtporosität und die Kaltdruckfestigkeit.
Vibrationsdauer von 10 sec.; Steingewicht: 11kg; Zentrifugalkraft = 1800 kp.
(Typische Werte auf den betriebsüblichen Pressen in Klammern)

Material	Feuchtigkeit % H_2O	Auflast kp/cm^2	Rohdichte gebr. g/cm^3	Gesamtporosität %	Kaltdruckfestigkeit kp/cm^2	Bemerkungen
Schamotte 25 % Bindeton	5,2	0,6	1,99	26,0	190	schlechte Kanten
		1,2	2,05 (typ. 2,06)	24,0 (typ. 25,0)	217 (typ. 200)	schlechte Kanten
		6,5	2,09	23,0	201	in Ordnung
Schamotte 40 % Bindeton	7,8	1,4			223	in Ordnung
			2,05 (typ. 2,04)	19,0 (typ. 20,0)	(typ. 200)	
		6,5			144	leichte Preßlagen

Tab. 12: Wirtschaftlichkeitsbetrachtung

1. Handstampfen mit Preßlufthammer

1 Mann verarbeitet in 8 h 1 t Masse (=240 t/Jahr). 7,--DM/h Stampferlohn + 50 % Sozialkosten ergibt einen Lohnkostenanteil von (7,-- + 3,50) x 8 = 84,--DM/t

2. Vibrationspresse

Angenommener Anschaffungspreis 35.000,--DM

1 Mann verarbeitet in 8 h 3 t Masse (=720 t/Jahr) das ergibt einen Lohnkostenanteil von $\frac{(7,-- + 3,50) \times 8}{3}$ = 28,--DM/t

Lohnkostenanteil beim Handstampfen für 720 Jato (720 x 84,--DM) =		60.480,--DM
" " Vibrationspr. " 720 Jato (720 x 28,--DM) =		20.160,--DM
Differenz		40.320,--DM
abzgl. Kalkulatorische Abschreibung (10 % v. Anschaffungspreis)	3.500,--	
" Zinsen (8 % " 1/2 Kapital)	1.400,--	
Wartung und Reparatur (5 % " Kapital)	1.750,--	-6.650,--DM
ergibt einen Jahresgewinn:		33.670,--DM

Nach der Formel: $\frac{\text{Jahresgewinn x Kapitalisierungsfaktor (=3,83)}}{\text{2 x Anschaffungspreis}} \times 100 = \frac{33.670 \times 3,83}{2 \times 35.000} \times 100$ errechnet sich eine Gesamtrentabilität von 184 %

Nach der Formel: $\frac{\text{Anschaffungspreis}}{\text{1/2 Jahresgewinn + Kalkulatorische Abschreibung}} = \frac{35.000}{16.835 + 3.500}$ ergibt sich eine Amortisationszeit oder Kapitalrücklaufzeit von 1,72 Jahren

3. Friktionsspindelpresse

Angenommener Anschaffungspreis + Fundament ca. 150.000,--DM; Leistung bei 2 Mann Bedienung: 7 t/8h = 1.680 Jato; Lohnkostenanteil 24,--DM/t

Geht man von diesen Zahlen aus und macht die gleiche Rechnung wie eben, so ergibt sich für eine Friktionsspindelpresse eine Gesamtrentabilität von 92 %

und eine Amortisationszeit von 2,93 Jahren.

b) Abbildungen

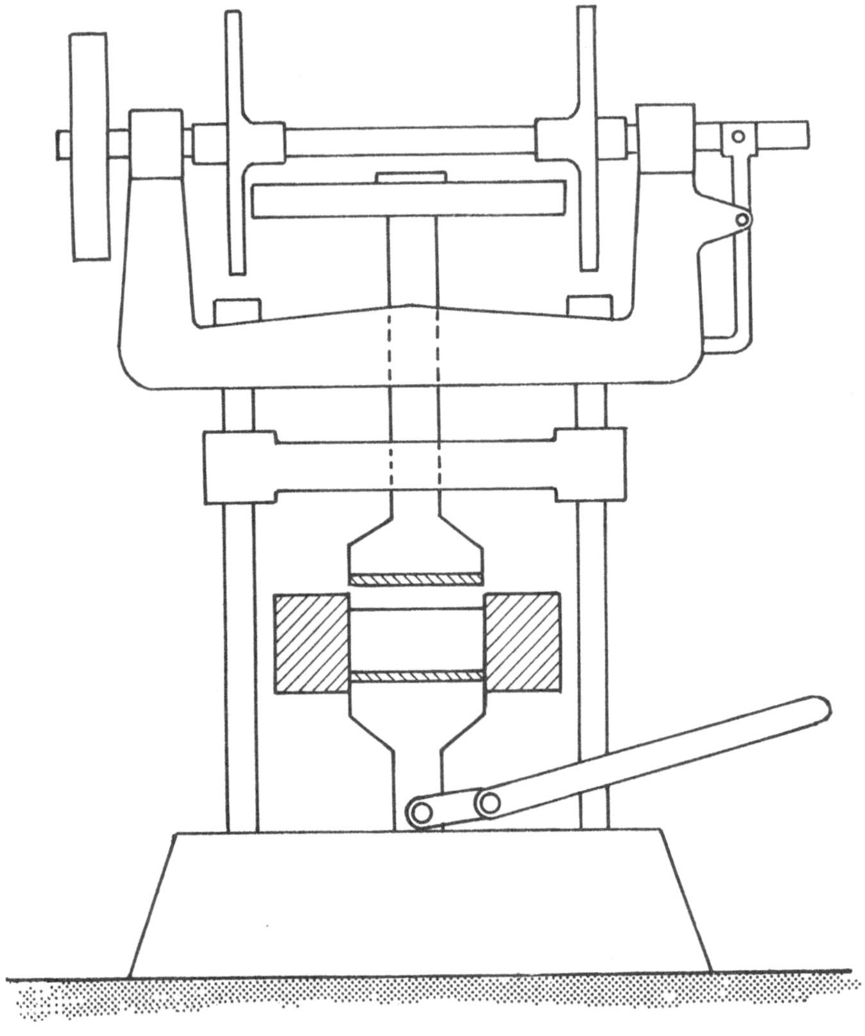

Abb. 1: Friktionsspindelpresse

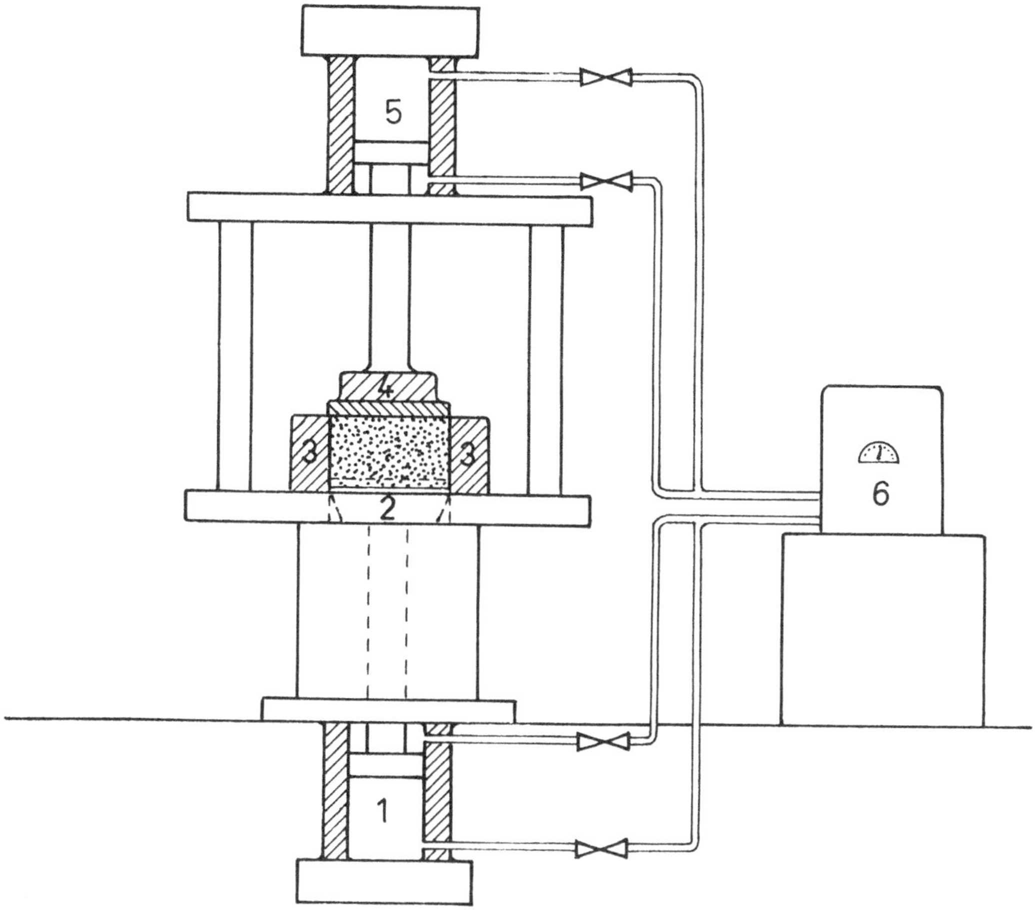

Abb. 2: Hydraulische Presse
1 Druckzylinder, 2 unterer Stempel, 3 Formkasten, 4 oberer Stempel, 5 Druckzylinder, 6 Öldruckpumpe

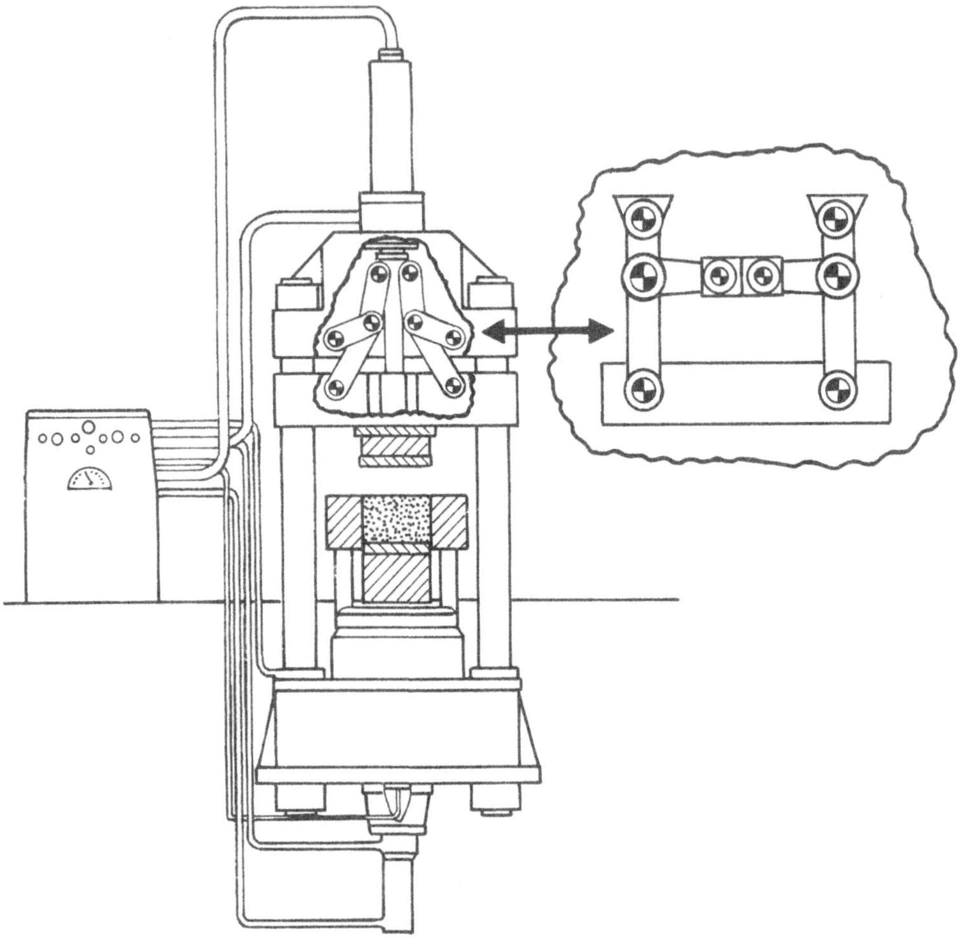

Abb. 3: Kniehebelpresse

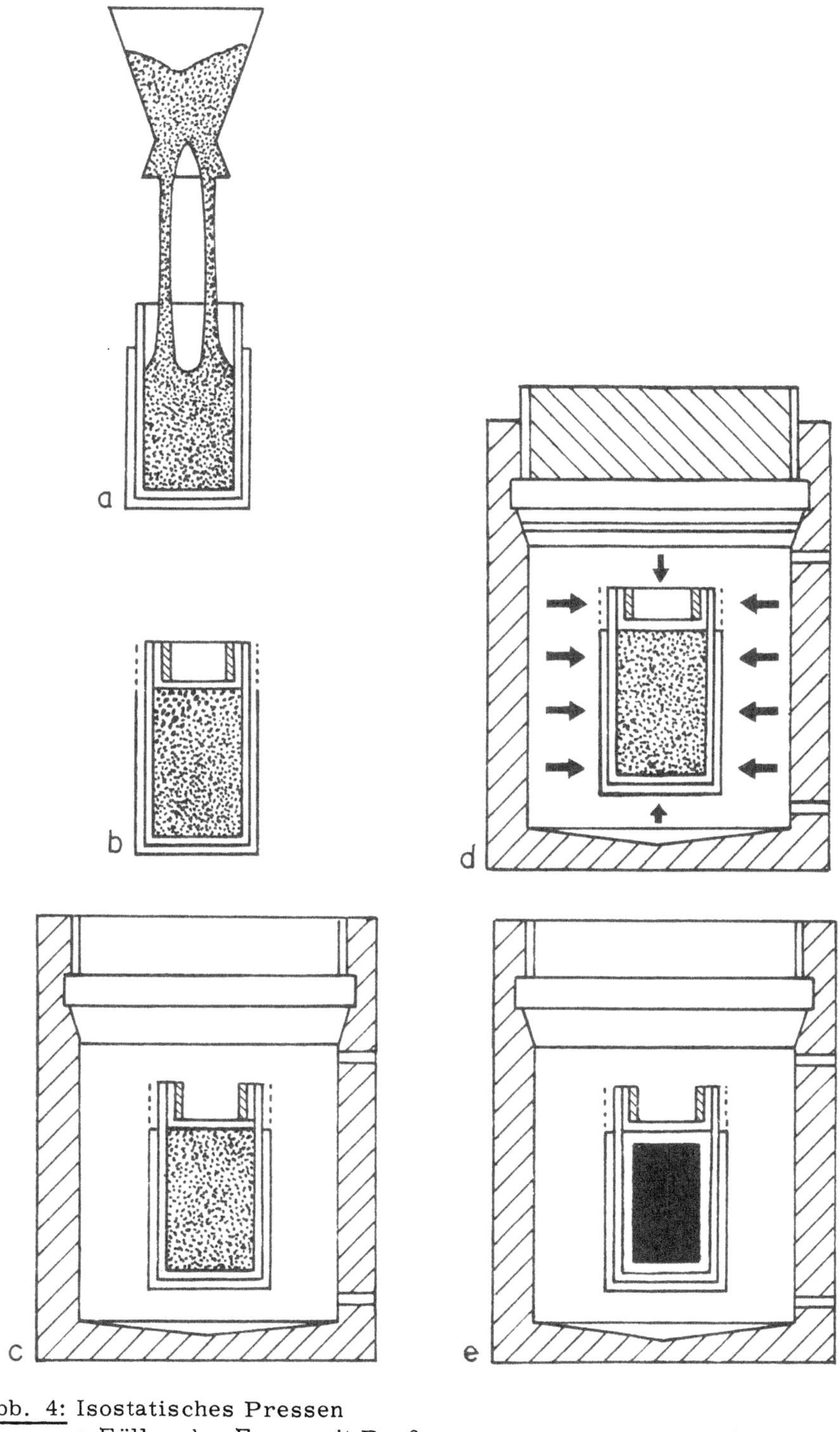

Abb. 4: Isostatisches Pressen
a Füllen der Form mit Preßmasse,
b Verschließen der Form,
c Einbringen der Form in den Druckbehälter,
d Verschließen des Druckbehälters, Druckauf- und -abbau,
e Öffnen des Druckbehälters und Entnahme der Form

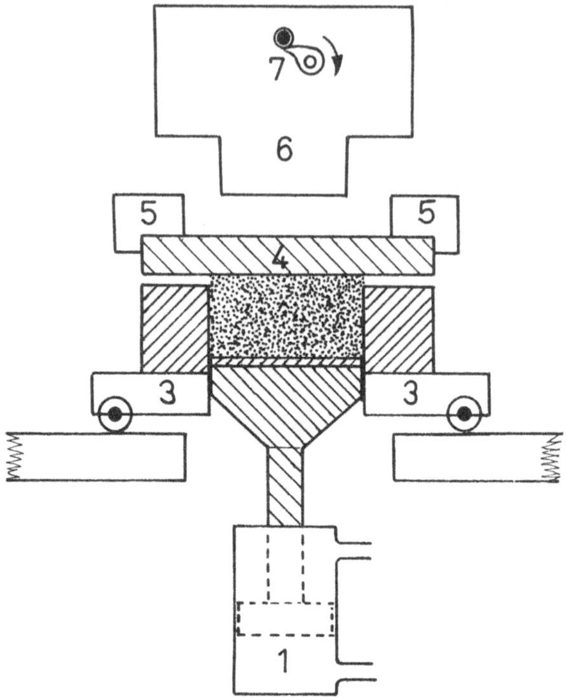

Abb. 5: Schockpresse
1 Hydraulischer Druckzylinder 600 t, 2 Unterstempel,
3 Schiebetisch mit Form, 4 Spiegelplatte, 5 Widerlager,
6 Rammbär, 7 Kurvenscheibe

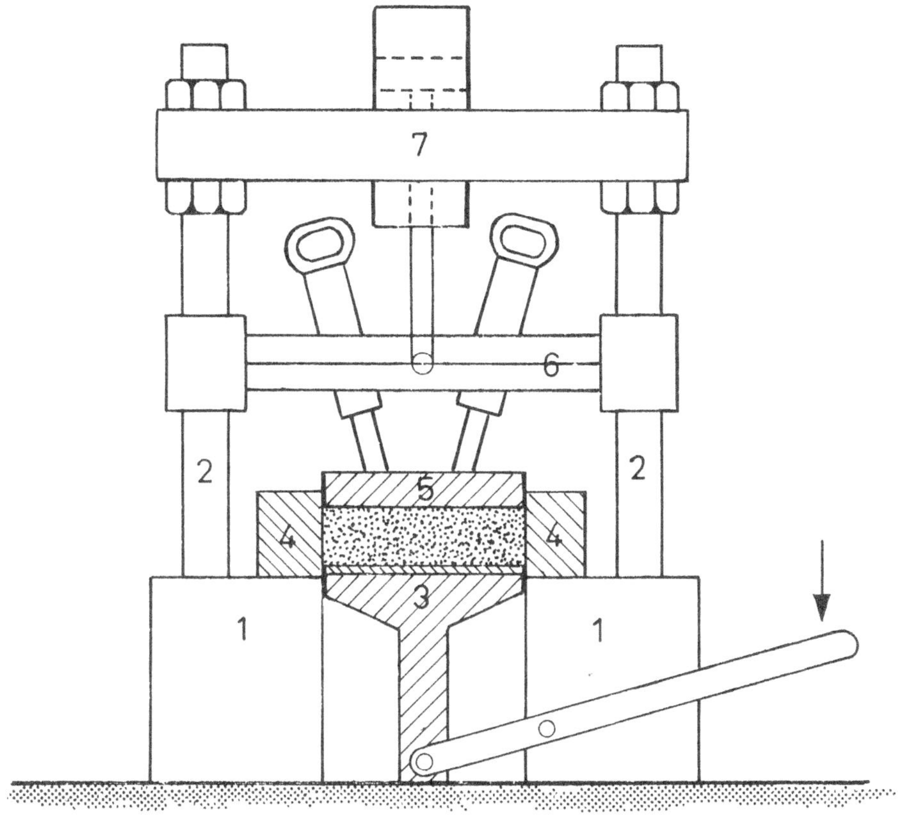

Abb. 6: Pneumatisch-hydraulische Vibrationspresse
1 Gestell, 2 Führungssäulen, 3 Unterstempel mit Ausstoßvorrichtung, 4 Form, 5 Oberstempel, 6 Obertraverse mit Preßlufthämmern, 7 Haupt mit hydraulischem Druckzylinder

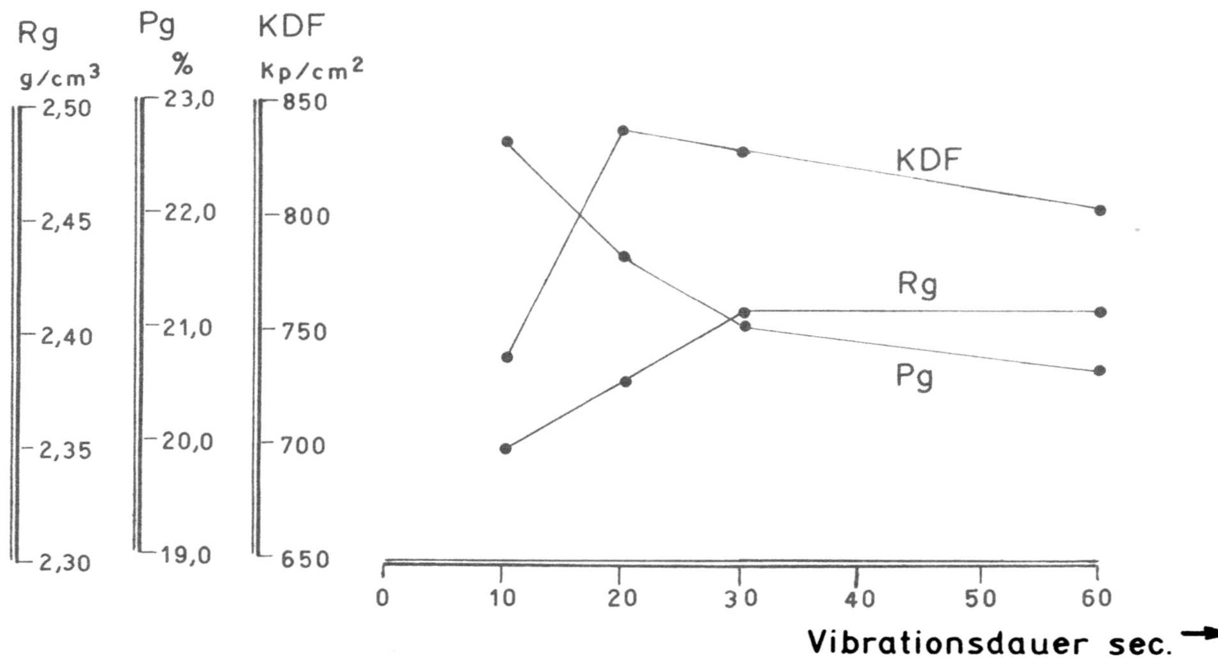

Abb. 7: Verdichtungsversuche auf pneumatisch-hydraulischer Vibrationspresse Rg, Pg und KDF einer HT-Masse mit 68 % Al_2O_3 Gehalt und 3,9 % H_2O in Abhängigkeit von der Vibrationsdauer

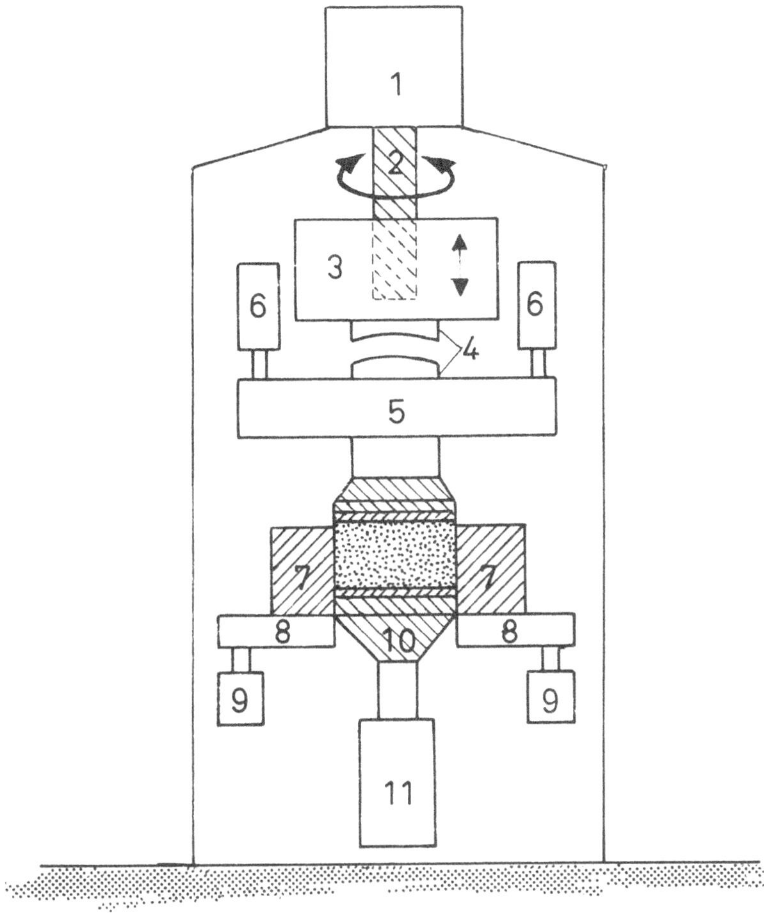

Abb. 8: Schlagspindelpresse
1 Reversiermotor mit Schwungrad und Bremse, 2 Spindel,
3 Preßbär mit Spindelmutter, 4 Schlagplatten, 5 Quertraverse mit Oberstempel, 6 Hydraulische Zylinder, 7 Form, 8 Formtisch,
9 Hydraulische Abfederung, 10 Unterstempel, 11 Ausstoßzylinder

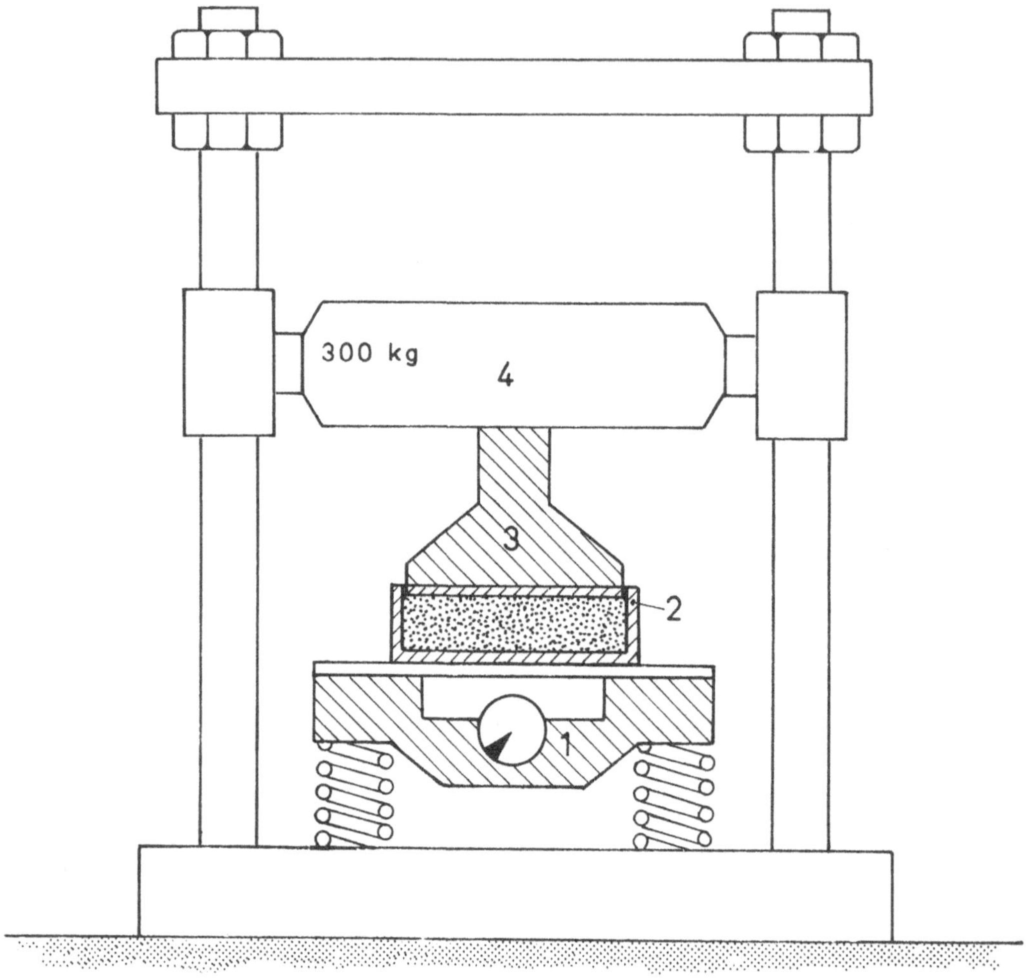

Abb. 9: Gehwegplatten-Presse
1 Schwingtisch, 2 Form, 3 Oberstempel, 4 "Freie Auflast"

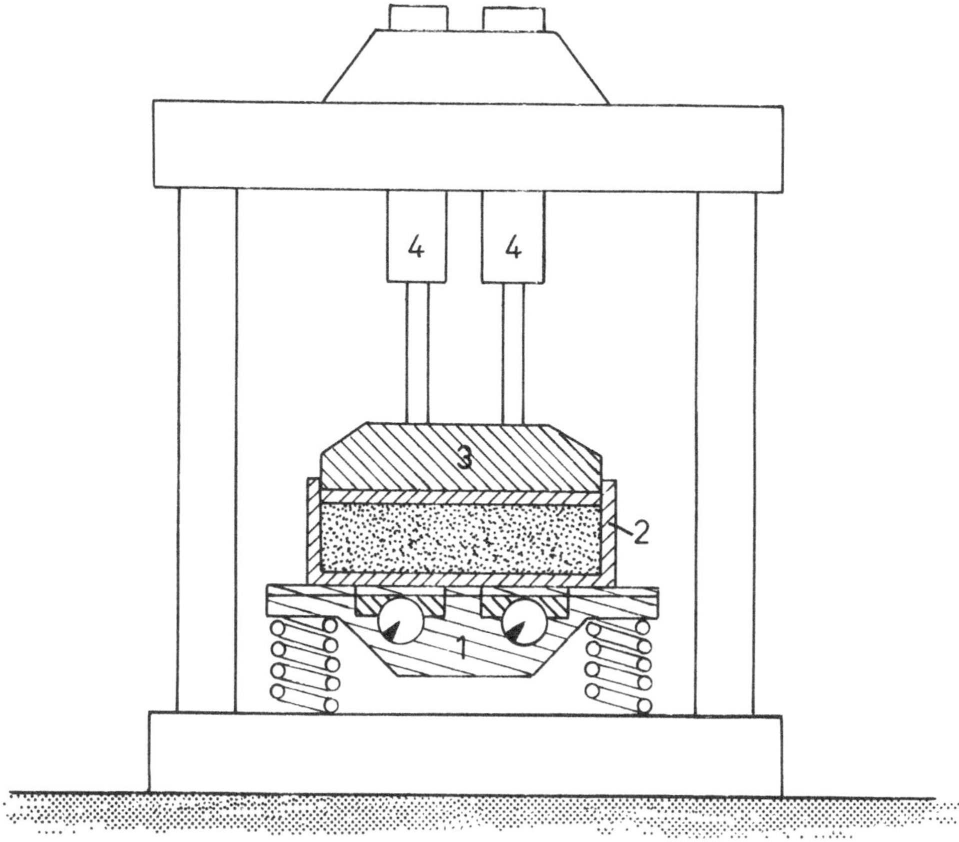

Abb. 10: Bimsbeton-Presse
1 Schwingtisch mit 4 Vibratoren, 2 Form, 3 Oberstempel,
4 Hydraulische Druckzylinder

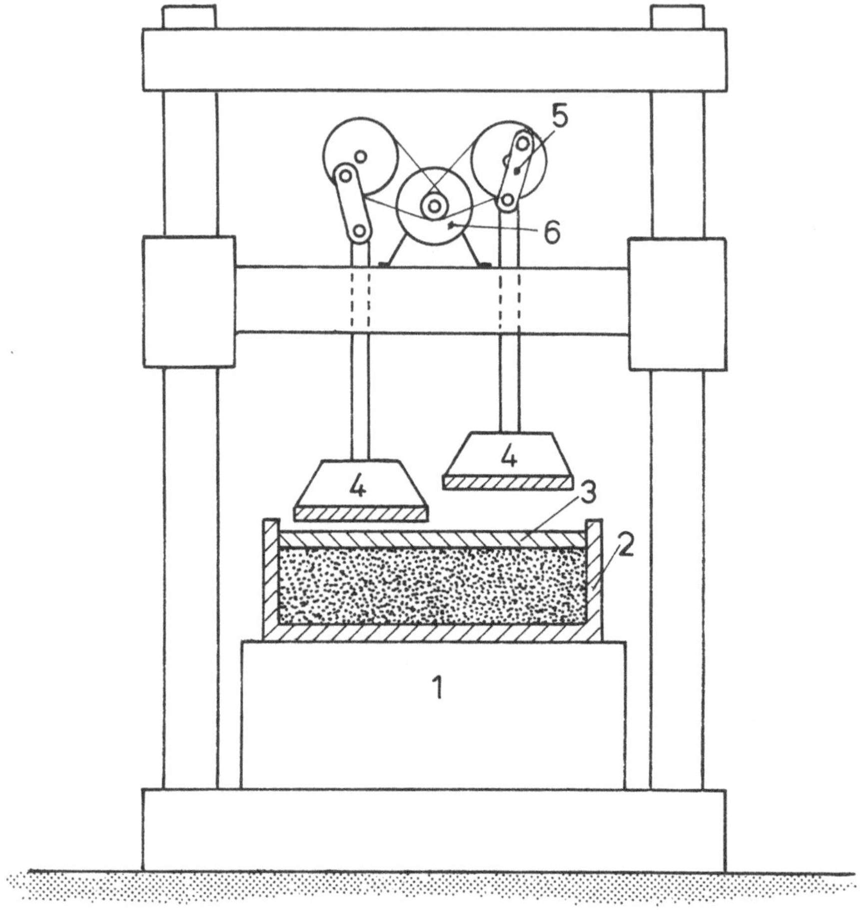

Abb. 11: Betonstein-Formmaschine
1 Amboß, 2 Form, 3 Oberstempel, 4 Stampfer, 5 Kurbeltrieb, 6 Motor

Abb. 12: Vibrationspresse für trockene Feuerfestmassen

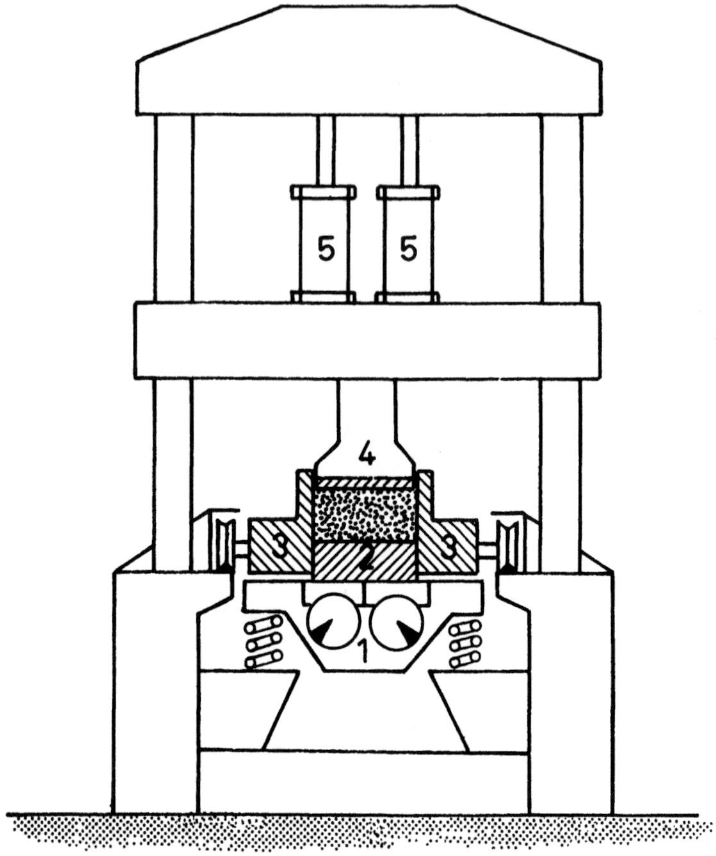

Abb. 13: Vibrationspresse für trockene Feuerfestmassen
1 Vibrationsstation, 2 Unterstempel, 3 Form, 4 Oberstempel,
5 Pneumatische Auflastzylinder

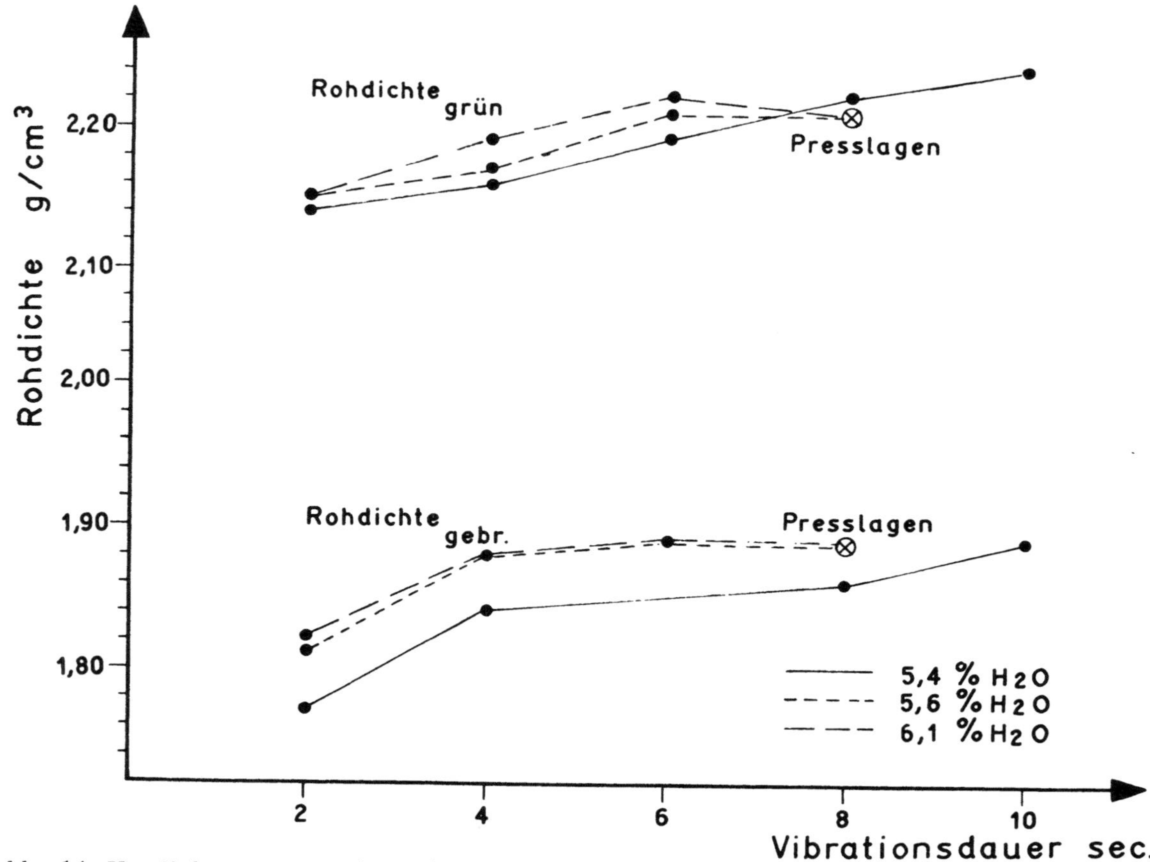

Abb. 14: Verdichtungsversuche auf einer Vibrationspresse für trockene Feuerfestmassen Auswirkungen von Vibrationsdauer und Massefeuchtigkeit einer Silikamasse auf die Rohdichte grün und gebrannt.

Steingewicht = 6 kg, Zentrifugalkraft = 1800 kp, Auflast = 7, 25 kp/cm^2

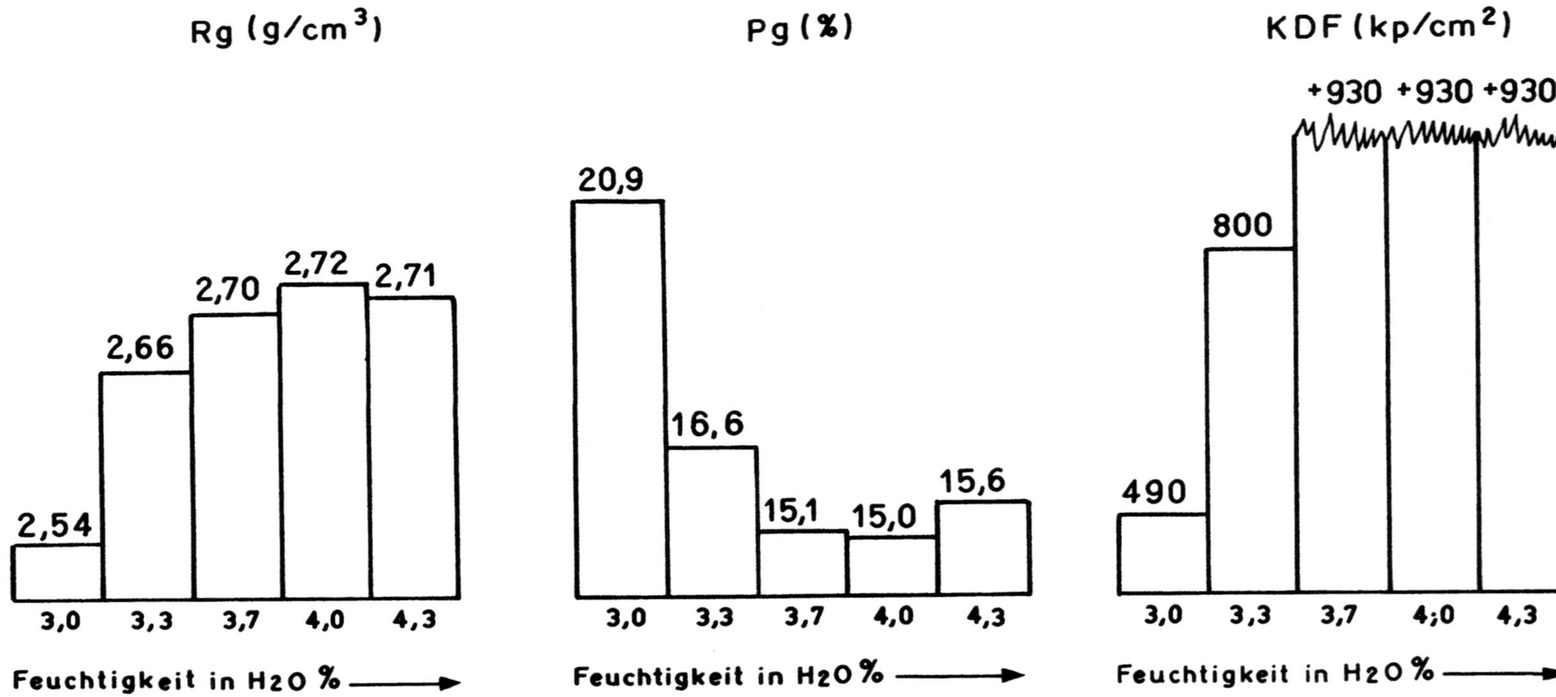

Abb. 15: Verdichtungsversuche auf einer Vibrationspresse für trockene Feuerfestmassen
Auswirkung der Massefeuchtigkeit einer HT-Masse mit 72 % Al_2O_3 Gehalt auf Rg, Pg und KDF bei 20 sec. Vibrationsdauer.
Steingewicht = 15 kg, Zentrifugalkraft = 1800 kp, Auflast = 5 kp/cm^2.
(Typische Werte: Rg: 2,68; Pg: $<$ 20,0; KDF: $>$ 500)

Forschungsberichte des Landes Nordrhein-Westfalen

Herausgegeben im Auftrage des Ministerpräsidenten Heinz Kühn vom Minister für Wissenschaft und Forschung Johannes Rau

Sachgruppenverzeichnis

Acetylen · Schweißtechnik
Acetylene · Welding gracitice
Acétylène · Technique du soudage
Acetileno · Técnica de la soldadura
Ацетилен и техника сварки

Arbeitswissenschaft
Labor science
Science du travail
Trabajo científico
Вопросы трудового процесса

Bau · Steine · Erden
Constructure · Construction material · Soilresearch
Construction · Matériaux de construction · Recherche souterraine
La construcción · Materiales de construcción · Reconocimiento del suelo
Строительство и строительные материалы

Bergbau
Mining
Exploitation des mines
Minería
Горное дело

Biologie
Biology
Biologie
Biologia
Биология

Chemie
Chemistry
Chimie
Quimica
Химия

Druck · Farbe · Papier · Photographie
Printing · Color · Paper · Photography
Imprimerie · Couleur · Papier · Photographie
Artes gráficas · Color · Papel · Fotografía
Типография · Краски · Бумага · Фотография

Eisenverarbeitende Industrie
Metal working industry
Industrie du fer
Industria del hierro
Металлообработывающая промышленность

Elektrotechnik · Optik
Electrotechnology · Optics
Electrotechnique · Optique
Electrotécnica · Optica
Электротехника и оптика

Energiewirtschaft
Power economy
Energie
Energía
Энергетическое хозяйство

Fahrzeugbau · Gasmotoren
Vehicle construction · Engines
Construction de véhicules · Moteurs
Construcción de vehículos · Motores
Производство транспортных средств

Fertigung
Fabrication
Fabrication
Fabricación
Производство

Funktechnik · Astronomie
Radio engineering · Astronomy
Radiotechnique · Astronomie
Radiotécnica · Astronomía
Радиотехника и астрономия

Gaswirtschaft
Gas economy
Gaz
Gas
Газовое хозяйство

Holzbearbeitung
Wood working
Travail du bois
Trabajo de la madera
Деревообработка

Hüttenwesen · Werkstoffkunde
Metallurgy · Materials research
Métallurgie · Matériaux
Metalurgia · Materiales
Металлургия и материаловедение

Kunststoffe
Plastics
Plastiques
Plásticos
Пластмассы

Luftfahrt · Flugwissenschaft
Aeronautics · Aviation
Aéronautique · Aviation
Aeronáutica · Aviación
Авиация

Luftreinhaltung
Air-cleaning
Purification de l'air
Purificación del aire
Очищение воздуха

Maschinenbau
Machinery
Construction mécanique
Construcción de máquinas
Машиностроительство

Mathematik
Mathematics
Mathématiques
Matemáticas
Математика

Medizin · Pharmakologie
Medicine · Pharmacology
Médecine · Pharmacologie
Medicina · Farmacología
Медицина и фармакология

NE-Metalle
Non-ferrous metal
Metal non ferreux
Metal no ferroso
Цветные металлы

Physik
Physics
Physique
Física
Физика

Rationalisierung
Rationalizing
Rationalisation
Racionalización
Рационализация

Schall · Ultraschall
Sound · Ultrasonics
Son · Ultra-son
Sonido · Ultrasónico
Звук и ультразвук

Schiffahrt
Navigation
Navigation
Navegación
Судоходство

Textilforschung
Textile research
Textiles
Textil
Вопросы текстильной промышленности

Turbinen
Turbines
Turbines
Turbinas
Турбины

Verkehr
Traffic
Trafic
Tráfico
Транспорт

Wirtschaftswissenschaften
Political economy
Economie politique
Ciencias económicas
Экономические науки

Einzelverzeichnis der Sachgruppen bitte anfordern

Westdeutscher Verlag · Opladen
567 Opladen/Rhld., Ophovener Straße 1–3, Postfach 1620

GPSR Compliance

The European Union's (EU) General Product Safety Regulation (GPSR) is a set of rules that requires consumer products to be safe and our obligations to ensure this.

If you have any concerns about our products, you can contact us on ProductSafety@springernature.com

In case Publisher is established outside the EU, the EU authorized representative is:

Springer Nature Customer Service Center GmbH
Europaplatz 3
69115 Heidelberg, Germany

Batch number: 10584556

Printed by Printforce, the Netherlands